湾区都市群景观适应性

ADAPTATIONS OF THE METROPOLITAN LANDSCAPE IN DELTA REGIONS

[美]彼得·博塞尔曼（Peter C. Bosselmann）　著

闫晋波　尚雪峰　杨　澍　杨　芸　译

中国建筑工业出版社

著作权合同登记图字：01–2019–1336号

图书在版编目（CIP）数据

湾区都市群景观适应性 /（美）彼得·博塞尔曼（Peter C. Bosselmann）著；
闫晋波等译 .—北京：中国建筑工业出版社，2020.12
书名原文：Adaptations of the Metropolitan Landscape in Delta Regions, 1st
Edition
ISBN 978-7-112-25730-0

Ⅰ.①湾…　Ⅱ.①彼…②闫…　Ⅲ.①海湾—城市群—城市景观—景观设
计—研究　Ⅳ.①TU984.1

中国版本图书馆CIP数据核字（2020）第250389号

责任编辑：董苏华　张鹏伟
责任校对：赵　菲

湾区都市群景观适应性
ADAPTATIONS OF THE METROPOLITAN LANDSCAPE IN DELTA REGIONS

[美] 彼得·博塞尔曼（Peter C. Bosselmann）　著

闫晋波　尚雪峰　杨　澍　杨　芸　译

*

中国建筑工业出版社出版、发行（北京海淀三里河路9号）
各地新华书店、建筑书店经销
北京点击世代文化传媒有限公司制版
临西县阅读时光印刷有限公司印刷

*

开本：889毫米×1194毫米　1/20　印张：12⅖　字数：284千字
2021年2月第一版　2021年2月第一次印刷
定价：148.00元
ISBN 978-7-112-25730-0
（36575）

版权所有　翻印必究
如有印装质量问题，可寄本社图书出版中心退换
（邮政编码 100037）

目　录

中文版序

当今世界正经历百年未有之大变局，新冠肺炎疫情的影响广泛而深远。党的十九届五中全会报告提到了气候变化问题，气候变化已是当前全球城市面临的"黑天鹅"式风险之一。世界著名湾区城市集群有两大特点：一是海拔高度低，二是人口密集兼经济发达。同时，湾区城市群可以类比为一个生态系统，其空间结构和空间演进过程是非线性的，是"生成"的，而不是"构成"的。湾区城市群在气候变暖的情况下属于承受力脆弱地区，因此本书具有重要的理论与实践意义。

与脆弱性研究相对的是韧性研究和适应性研究，本书通过翔实的湾区案例深入开展了城市适应性研究和韧性城市研究。本书认为对地质演变过程的深刻理解是塑造湾区城市群未来景观的第一步骤，并将环境生态因素有机融合到城市设计方案之中，为广大潮汐河口地区、三角洲湾区及其腹地城市群的规划设计与发展研究提供了前瞻性策略。

国务院参事
中国城市科学研究会理事长　　仇保兴博士

前　言

　　本书恰逢其时：城市如何在气候变化中生存的问题变得紧迫起来。由于海平面上升，一些人口稠密的岛屿和城市里地势低洼的部分将会在洪水中消失，因此需要疏散！即使这仍是一种个案，但全球一半以上的人口生活在三角洲地区，而这些地区中的许多人将不得不在海平面上升和洪流泛滥的情况下找到生活的出路。

　　近期我们探讨的是世界自然史上的一个新纪元：人类世（the Anthropocene），在这个纪元里，我们身负重任，即必须担负全球生存所需的环境条件和适应性。这本书提供了应对这些使命责任的新思路。

　　在三角洲地区，社区经历了对自然力量的依赖，且多数在社区的控制之外，并以一种最直接的方式：没有对这些自然力量的基本理解，就不会有持久的解决办法！因此，非常恰当的是，对这三个案例——旧金山河口和内陆三角洲、珠江三角洲和荷兰三角洲的都市群景观——的探讨都是从简要叙述其形态学和水文学的自然历史开始，展示了人类融入自然界的状态和对自然的依赖。

　　因此，在这三个案例中的任何一例里，在不长的人居史当中，人类用基于这些自然条件而产生的特别定居形式作为对三角洲自然历史的应答，并作为这段自然历史一个补充，形成了一套宝贵的经验。

　　由于这本书是关于城市设计对调解气候变化的贡献以及未来前景的，所以重点问题是如何采取适当的城市设计方法，以使定居地适应气候变化，实现城镇和水体的共存或达到更好的协同效果。详细而想象力丰富的答案，是由学生在他们的硕士课程中通过研究典型案例来开发和设计的。由于这一成功的国际学术合作的丰富材料无法简略概括，我仅讲述关于基本问题的两个不同案例：

- 怎样才能使美国加利福尼亚州一个典型的郊区发展项目城镇化，并使其更具韧性？有没有可行的方法让该项目逐步开发为混合用途，具备更高的居住密度和更少汽车的社区？

- 怎样才能使位于中国珠江三角洲的一个被周边高强度开发项目包围并面临毁灭威胁的历史名镇、名村具有适应性？是否有一种可行的解决办法，在保护了社会经济上处于弱势的居民（大部分是农民工）的利益之基础上，并能够保护历史村落的基本历史形态格局并逐步使其适应新的现代生活？

在这两个案例中，研究生课程设计都提供了视角独特、兼具美观和活力的城市设计方案。简而言之：这些方案颇有希望！

本书以一个根本性的两难问题结尾，这个问题在荷兰急需进行讨论：在越来越多和规模更大的技术设备中，是否能找到对抗不断上涨的海水的解决方案？或有一个更可行的解决方案能够让渡更多的空间，使海水自然地进行扩张和收缩？目前还没有明确的答案，但在长期气候变化的条件下，研发出既切实可行又可持续的解决方案，将成为战略思维中的一个重要领域。

汤姆·西弗茨（Tom Sieverts）*

---

* 汤姆·西弗茨（Tom Sieverts），即托马斯·西弗茨（Thomas Sieverts），德国著名城市规划设计专家，达姆施塔特（Darmstadt）大学名誉教授，曾任职于柏林的高等研究所（Institute of Advanced Studies），曾在英国和美国讲授规划和城市设计，他是波恩的 SKAT 建筑城市规划事务所（SKAT Architects Town Planners）的合伙人，以及德国政府的顾问。——译者注

致　谢 *

第 1 部分

我需要感谢很多协作完成本书的朋友，首先要感谢莎拉·莫斯（Sarah Moos），她是伯克利大学（Berkeley）城市设计专业的一名学生，在伯克利景观建筑与城市规划系进修双学位期间，协助我完成了本书第 1 部分关于旧金山湾区中的很多插图。在由荷兰代尔夫特理工大学（TU Delft）的汉·迈耶（Han Meyer）主编的《建成环境》（Built Environment）期刊中（第 40/2 期），我们合作发表了一篇题为"三角洲地区的城市主义：城市化的三角洲地区中的规划与设计新挑战"（Delta Urbanism: New Challenges for Planning and Design in Urbanized Deltas）的论文。另外我还要感谢阿姆娜·阿尔鲁海利（Amna Alruheili）、布莱恩·钱伯斯（Brian Chambers）、约翰·多伊尔（John Doyle）、埃里克·詹森（Erick Jensen）、迪帕克·索哈内（Deepak Sohane）、贾斯汀·卡南（Justin Kearnan）和库沙尔·拉克哈瓦尼（Kushal Lachhawani）协助我完成了有关旧金山湾区的 3D 地图和剖面分析图的地理信息学工作。金贤英（Hyun Young Kim）协助我绘制了将城市街区的现状同历史状况进行对比研究的图纸。

在本书第 1 部分的论述当中，涵盖了学生各方面的研究，也包含了对一些问题的回答：在城市中靠近交通枢纽的区域插建新的建筑物，是否能减少居民对私家车的使用？参与这项课题研究的三组同学：贾斯汀·卡南（Justin Kearnan）、戴维·库克（David Cooke）、Yue Fu 和 Weining Cao；亚西尔·哈米德（Yasir Hameed）和戴维·阿莫斯（David Amos）；安德鲁·托特（Andrew Toth）、萨拉·图菲克·阿尔哈巴里（Sara Toufik Alharbali）和 Yueyue Wang 通过平行案例

---

* 本节内容的中文名翻译来自"苏平 . 黄埔临港商务区国际联合城市设计工作坊回顾 [J]. 南方建筑，2010.1"、"冯江 . 探索一个珠江三角洲水乡村落的未来——记 SCUT-UC Berkeley 大墩村工作坊 [J]. 南方建筑，2010.1"。由于联合工作营开展的时间较早，部分中文姓名没有相关的资料，因此无法查证。而中文音同字不同，完全按音译则差异太大，所以未翻译。如后续本书获得再版时，获悉详细资料后再进行补足。——译者注

研究的方法回答了上述问题。在其街区中心规划设计种植大量树木的城市街区是否能让其居民感受到密度的降低？参与这项课题研究的三组同学：塔尼·艾略特（Tani Elliott）、安德里亚·斯托尔泽（Andrea Stoelzle）和克里斯·图切（Chris Toocheck）；金贤英（Hyun Young Kim）、玛尔塔·瓜尔（Marta Gual）、山姆·莫雷尔（Sam Maurer）、亚历珊卓·奥雷亚纳（Alejandra Orellana）和贾斯汀·理查德森（Justin Richardson）；安妮·陈（Lingyue Anne Chen）、丹尼尔·科拉索（Daniel Collazos）、卡洛斯·利卡特（Carlos Recarte）和加布里埃尔·卡普里安（Gabriel Kaprielian）通过平行案例研究的方法研究了上述问题。拉马·哈桑黛（Rama Husamddine）、索纳利·普拉哈莱（Sonali Praharai）、阿雷佐·贝沙拉提（Arezoo Besharati）和艾琳·胡（Irene Ho）；米卡埃拉·巴佐（Micaela Bazo）、斯蒂芬妮·林（Stephanie Lin）和 Xiuxian Zhan 这两组同学通过平行研究，分别对由费尔南多·布罗代尔（Fernand Braudel）所提出的城市性的阈值（Threshold Values of Urbanity）理论进行了验证。杰弗里·法林顿（Jeffrey Farrington）和克里斯托·沃德（Crystal Ward），他们对城市边缘地带一个新建邻里社区的通勤模式进行了研究。还有哈斯提·阿夫卡姆（Hasti Afkham）、妮基·森雅·阿尔及佐（Niki Xenia Alygizou）、马丁·加林德斯（Martin Galindez）、李庆忠（Qingchung Li）、Haonan Lu、普拉文·拉吉·拉马纳坦·蒙汉莱（Praveen Raj Ramanathan Monhanraj）、帕丽萨·米尔·萨德吉（Parisa Mir Sadeghi）、凯瑟琳·席尔茨（Catherine Schiltz）和瓦伦蒂娜·施密特（Valentina Schmidt），他们都对 2017 年"韧性设计"（Resilient by Design）竞赛的前期筹备工作作出了贡献。最后，我列举了由戴维·库克（David Cooke）、贾斯汀·卡南（Justin Kearnan）和丹尼尔·丘奇（Daniel Church）设计的旧金山跨湾区交通枢纽站区（San Francisco's Transbay Terminal Area）规划方案，作为第 1 部分的结论。

第 2 部分

本书第 2 部分的准备工作，始于 2007 年 10 月的一次中国珠江三角洲地区之行。我非常感谢曾就读于伯克利大学的杨力研（Liyan Yang），她为我引荐了广州东方建筑文化研究所（Institute of Oriental Architecture and Culture in Guangzhou）的吴庆洲教授和冯江教授。在广州，冯江教授组织了一次旅行，大家乘船穿越了位于佛山附近的珠江三角洲支流。我们还一起参观了水乡大墩村（Dadun）。那次访问，为日后加利福尼亚大学伯克利分校（University of California at Berkeley）和华南理工大学之间的合作搭建了桥梁，双方每年都会开展工作营，汇聚两所院校师生们的共同努力，致力于更深入地了解在持续变化的都市群景观中的高速城镇化进程。在吴庆洲教授的鼓励下，我们重点研究了珠江三角洲地区的水系。我和冯江教授，以及我在伯克利的同事、河流地貌学家马蒂亚斯·孔多尔夫（Mathias Kondolf）一起，组织完成了本书第 2 部分中关于大墩村的研究工作。2010 年，在《城市设计》（Urban Design Journal）期刊中（第 15/2 期），我与张智敏（Zhimin Zhang）、刘明欣（Mingxin Liu）和鲍戈平（Geping Bao）教授合作发表了一篇论文。在接下来的几年里，华南理工大学建筑与规划学院的院长孙一民教授，对我们的工作给予了长期的支持。此外，弗朗切斯卡·弗拉索达蒂（Francesca Frassoldati）也为本书的编写作出了贡献；2014 年，我们曾在《领地》（Territorio）杂志上联合发表过一篇关于新溪镇（Xinxi）的论文。我非常感谢弗朗切斯卡以及各位中国同仁们，许昊皓教授、苏平教授和张春阳教授的鼎力支持，他们协助我完成了在本书珠江三角洲章节中所提及的几个项目。他们对于地域环境的深入了解与指导对本书的编写提供了很大帮助。

加利福尼亚大学伯克利分校环境设计学院（Berkeley College of Environmental Design）的许多学生与中国的同学在珠江三角洲地区的研究项目中进行合作。参与"大墩村的未来"这个课题的学生团队包括：纳丁·苏博汀（Nadine Soubotin）、柯尔斯滕·波多拉克（Kirsten Podolak）、金蕾（Jin Lei）、李岳（Li Yue）、胡岚（Hu Lan）、李博勰（Li Boxie）、罗韵姗（Luo Yunshan）、克尔斯滕·约翰逊（Kirsten Johnson）、斯泰西·麦克莱恩（Stacy McLean）、王铬（Wang Ge）、李文烜（Li Wenxuan）、隋心（Sui Xin）、李学思（Li Xuesi）、陈思韵（Chen Siyun）、约翰·萨格鲁（John Sugrue）、叶碧岑（Ye Bicen）、黄晓蓓（Huang Xiaobei）、张国俊（Zhang Guojun）、安德里亚·加夫尼（Andrea Gaffney）、熊庠楠（Xiong Xiangnan）、徐点点（Xu Diandian）、赵一湭（Zhao Yiyun）、克里希纳·巴拉科瑞斯南（Krishna Balakrishnan）、凯莉·华莱士（Carrie Wallace）、关菲凡（Guan Feifan）、张圆圆（Zhang Yuanyuan）、李筠筠（Li Junjun）、滑莎（Hua Sha）、刘铮（Liu Zheng）、

陈奕萍（Chen Yiping）、甘亦乐（Gan Yile）、陈静香（Chen Jingxiang）、彼得·弗兰克尔（Peter Frankel）、山姆·伍德汉姆－罗伯茨（Sam Woodham-Roberts）、林余铭（Lin Yuming）、林丰（Lin Feng）、段学文（Duan Xuewen）、陈微（Chen Wei）、郭馨（Guo Xin）。参与黄埔临港商务区（Whampoo Harbor）重新设计项目的人员包括丽贝卡·芬恩（Rebecca Finn）、达里奥·舒伦德（Dario Schoulund）、布林达·森古普塔（Brinda Sengupta）、雅素·塞（Jassu Sigh）、苏帕纳特·查纳帕芬（Supaneat Chananapfun）、珍妮弗·休斯（Jennifer Hughes）、帕特里克·雷斯（Patrick Race）、杰西卡·卢克（Jessica Look）、罗宾·里德（Robin Reed）、伯·哈林顿（Beth Harrington）、huang Qiaolun、Chen Qian、李岳（Li Yue）、林余铭（Lin Yuming）、Zhang Zhenhua、Xie Daibin、Zhang Lei、Cao Xibo、Zhang Yingyi 和 Liu Ping。参与江门城市设计项目的人员包括：布莱恩·钱伯斯（Brian Chambers）、雨果·科罗（Hugo Corro）、理查德·克罗基特（Richard Crockett）、卡琳·古龙（Karlene Gullone）、里奥·哈蒙德（Leo Hammond）、凯利·珍妮丝（Kelly Janes）、金世武（Se-Woong Kim）、Qinbo Liu、穆罕默德·莫宁（Mohammed Momin）、莎拉·穆斯（Sarah Moos）和迪帕克·索哈内（Deepak Sohane）。参与了新溪城市设计工作营的学生包括阿拉娜·桑德斯（Alana Sanders）、金贤英（Hyun Young Kim）、米利安·阿拉诺夫（Miriam Aranoff）、本尼迪克特·汉（Benedict Han）、Bin Cai、库什·莫迪（Kushal Modi）、伊桑·保罗·拉文（Ethan Paul Lavine）、埃里克·詹森（Erick Jensen）、本杰明·汤森·考德威尔（Benjamin Townsend Caldwell）、鲁梅尔·桑切斯·潘加洛（Ruemel Sanchez Pangalo）、Tian Liang、Xi Hu、Rui Wang、Jianzhao Zheng、Jing Xu、Kuan He、Xinyu Liang、Wenji Ma、Fei du、Xinjian Li、Xiaofei Xie、Xiaolan Zhou、Haoxiang Yang、Shibo Yin、Junmin Xiong、Min Luo、Binsi Li、Shansi He。本书第 2 部分中涉及的最后一个工作营选址在琶洲岛（Pazhou Island）。本书中再现了帕特里克·韦伯（Patrick Webb）、罗希特·达克（Rohit Tak）、Wang Liwen、Zhu Xuewen、Zhu Jian、Wu Zhenxing 等人绘制的设计图。还提及了由贾斯汀·卡南（Justin Kearnan）、戴维·库克（David Cooke）、Huiyi Zhang、Chuwei Yang、Ying Ding、Haochen Yang、Xingling Cai 等人绘制的设计图，以及提及了由肯·广濑（Ken Hirose）、卡索那·坎贝尔（Cacena Cambell）、Yi Hu、Junxi Wu、Zeyue Yao、

Yining Ying、Bilin Chen、洛林·伯格斯（Lolein Bergers）等人组成的设计团队的作品。洛林（Lolein）是一位来自比利时（Belgium）的访问学生。此外，由斯蒂芬妮·布鲁卡特（Stephanie Brucart）和卡特琳娜·奥迪斯（Katrina Ortiz）带领的研究设计团队成员包括：Jiang Hewen、Li Chenxue、Shen Xinxin、Xu Xiang、Zhang Ao，以及亚当·莫林斯基（Adam Molinski）、伊甸·费里（Eden Ferry）、卡琳·华雷斯（Kaleen Juarez）和凯文·伦哈特（Kevin Lenhart）。

第 3 部分

2014 年 1 月，我开始休假，着手撰写本书的初稿。并以访问教授的身份接受了汉·迈耶的邀请，来到代尔夫特理工大学。在荷兰，我又见到了曾经到伯克利访问过我们的学者马丁·范德索恩（Martin van der Thoorn），并重拾当年的情谊，他曾在 20 世纪 70 年代在伯克利求学。马丁和我从米德尔堡（Middleburg）出发，绕着西兰岛（Zealand）的沃尔切伦岛（Walcheren）环游环，它曾经是位于斯海尔德河东部和西部之间的一个岛屿，现在已经与陆地连接一体。我从马丁那里学习到很多关于荷兰的景观动力学知识。他带我来到代尔夫特理工大学的地图档案室，并向我推荐了一些有关中世纪以来荷兰城市形态改变的文献资料。艾琳·库鲁里（Irene Curuli）与我在 2005 年结识，那时我们结识于共同探讨如何定义"都市群景观"的内涵，此后至今她为我提供了很多宝贵的建议。对埃因霍温（Eindhoven）的访学让我受益良多，艾琳·库鲁里在那里教授风景园林学和城市设计。我和家人在阿姆斯特丹逗留的六个月里，一直都住在西罗达姆公寓（Silodam），我也很高兴艾琳能成为西罗达姆公寓的常客。我也很高兴结识了福瑞斯·帕姆布姆（Frits Palmboom），他乐观的专业精神给我留下了深刻印象。当时，他刚刚被任命为代尔夫特理工大学范·伊斯特伦讲席教授（Van Eesteren Chair）。科内利斯·范·伊斯特伦（Cornelis Van Eesteren）曾负责二战后阿姆斯特丹的修复和扩建工作；福瑞斯·帕姆布姆（Frits Palmboom）非常适合担任此职务，因为他曾是艾瑟尔堡（IJburg）项目的设计师，该项目是阿姆斯特丹最新的扩建项目之一。我们在艾瑟尔堡周边漫步时候交谈的内容，很好地丰富了本书第 3 部分的结论。

我还要向协助我为本书手稿收集插图的四位同学致谢，他们分别是：贾斯汀·

卡南（Justin Kearnan）、亚当·莫林斯基（Adam Molinski）、索纳利·普拉哈莱（Sonali Praharai）和妮基·森雅·阿尔及佐（Niki Xenia Alygizou）。他们工作的研究经费来自加利福尼亚大学伯克利分校研究委员会（UC Berkeley Committee on Research）的资助，以及景观建筑系（Department of Landscape Architecture）的比阿特丽克斯·法兰德（Beatrix Farrand）基金的赞助。

本书中的内容涵盖了十年间的工作，主要是由伯克利分校城市设计专业硕士、景观专业硕士以及城市规划专业硕士项目的研究生们共同完成的。假如没有参与我的设计课以及研究方法课程的各位同学的贡献，这本书是无法完成的。非常感谢约翰·埃利斯（John Ellis）、冯江和马丁·范德索恩（Martin van der Thoorn），他们仔细阅览了章节草稿并给予了宝贵评论。同时，也非常感谢我的女儿们，西娅（Thea）和索菲娅（Sophia）也阅览了草稿，向我的妻子多利特·弗洛姆（Dorit Fromm）致以谢意，她不仅从头到尾阅读了完整的手稿，并协助我修订了文本的格式。

致 谢

本书的意义

适应性是从进化生物学中借用的一个概念。在这本书中，这一术语表述了城市的适应性是为了更好地应对由于全球变暖而加速的气候变化。与其他生物学概念一样，适应性只能审慎地应用于城市。不同于一个变异的细胞，城市结构是无生命的，并非变化的动因。在城市里，人是变革的原动力。当我们理解应对气候变化的原因和结果的深远要求之时，也将会理解未能适应气候变化的后果。

引起气候变化的原因具有高度确定性，是人为造成的；气候变化的结果包括自然衍化的过程，这种自然过程将更加频繁地伴随更大的强度而发生，包括海平面上升，以及热浪、冷溢、干旱、飓风和强降水等极端天气事件的长时间出现。

目前的预测表明，北半球的天气模式将偏离其正常值。例如，到21世纪中叶——在热带地区更早——对既定地点的典型气象年的统计将会包括其历史变量以外更广泛的天气现象（Mora et al.，2013）。

城市设计师要使气候变化的原因趋向潜在的平衡，就需要减少温室气体的排放，主要是二氧化碳的排放。其他形式的排放也会导致温室效应，但在排放中，二氧化碳排放或减少其排放受到城市规划和设计方式的强烈影响。为了使城市设计达到最大效能，需要对土地的使用、空间的规模和获得土地的方式进行根本性的反思。需要更好地综合利用土地的功能，以及减少对空间的浪费，这些原则适用于包括道路在内的可开发土地的规模。

与过去50年相比，获得土地的方式和用途将会大量减少对消耗化石燃料的依赖性。应对气候变化之结果的韧性是不可预期的，除非对引起气候变化的原因进行结构性修复：对城市形态进行结构性的重新设计，减少其对二氧化碳排放的依赖性。气候学家警告说，如果大气中的二氧化碳含量超过400ppm（百万分之400）的阈值[1]，那么全球平均气温比在工业化前期的温度上升2℃（3.6℉）的趋势将会持续下去。

怀疑论者会说可能为时已晚，但还有什么选择呢？这种结构性修复不仅要包括城市，还要包括所在地区的城市。对于塑造城市和地区物质世界的专业人士来说，面临的挑战不仅是物理几何学，还要面临社会后果。城市形态，例如城市结构的功能、通道和规模，具有深刻的社会意义。

这本书的贡献体现在空间规划和城市设计对城市形态如何适应都市群景观而展开的复杂讨论之中。

都市群景观

都市群景观与几种不同的修辞手法联系在一起；都市群是一个描述大范围城市化地区的抽象概念。景观唤起了人们在户外空间的体验，这些空间是由光、风、植被以及带有山丘、山谷和地平线的地貌所界定的。如是，"景观是看得见的风景"，但正如地理学家奥黛丽·兰伯特（Audrey Lambert）提醒我们：

> 同时，景观是所有这些元素、因子、影响的表象——无论你怎么称呼它们——兼是自然和人文的，它们在任何给定时间里赋予地球表面以描述性特征。因此，对景观的研究不能仅仅是描述性的，还须从起源和演变的角度来着手。
>
> 兰伯特（Lambert），1985 年

在兰伯特对景观的描述中，暗示了需要从长远角度看待从过去以及到未来塑造景观的这股力量。

将"都市群"和"景观"这两个术语的描述性和进化性的特征结合起来，需要承认都市群地区相当大一部分区域演变成了既不能称之为乡村也不能称之为城市的环境。尽管这些地区与人口密集的城市地区具有共同的特征，但都市群景观既没有城市生活的凝聚力和活力，也没有乡村的宁静。当然，人口仍然集中在一些地方，聚集区之间的大面积区域示现非常疏松的结构。都市群景观已成为当代城市生活的特征，不仅在工业化世界，而且在亚洲、南美洲和非洲的发展中地区。

托马斯·西弗茨（Thomas Sieverts）在《没有城市的城市》（Die Zwischenstadt，1997）一书中提出的主要论点是，呼吁一种新创意以应对这种结构疏松的城市化拼贴，这本书在 2003 年被翻译为英文版的《没有城市的城市》（Cities without Cities，p.28）。其他人，比如贝尔纳多·萨奇尼（Bernardo Secchi）在《中心、外围、城市扩散》（Centro，periferia，cittádiffusa，2006）和弗朗索瓦·亚瑟（Francois Ascher）在

《元城市》（Métapolis，1995，p.36）中论述了由流动性定义的城市区域。社会在交通、基础设施和私人通信方面投入了大量资金，而城市生活在各个层面都发生了深刻的变化。不可否认，分散的城市形态以及分散生活方式的各个方面已经成为城市的主流状态。

由于分散的城市形态对气候变化的原因和其后果的影响都负有巨大责任，因此，提倡创造力在塑造都市群景观方面具有了空前的重要性。

城市性的阈值

本书的策略是以城市固有的特性来应对气候变化。历史学家一致认为，城市性的阈值是存在的——这个术语是由法国环境历史学家费尔南德·布罗代尔（Fernand Braudel，1992，p.484）创造的。他认为城市性的阈值的设定是莫衷一是的，因为城市性的判断因时空变化而变化。如果有一个确定的、无可争议的下限数据，可以标示出我们随意称之为"城市"的地区，这个下限也就是人们之间自发交易发生的阈值，开展研究就简单多了。便捷地接触人、商品和服务是城市生活的基础。在一个信息量巨大的时代，这一点仍然正确。人类住区首要是社会网络。人口密度很重要，但密度本身并不是唯一重要的量级。同样重要的是，运转良好的公共空间能把人们聚集在一起并提供互动的机会。如果能把城市生活的各种功能更好地综合起来，将确有助益。城市生活的存在仅建立在将一种比之较低的生活模式关联起来的基础上。

通过人们利用城市可用空间的方式，可以把达到城市性的阈值和回应引起气候变化的原因这两件事情联系在一起：暨比目前实施更谨慎、更节约保护的空间规划方法。

本书讨论的三个案例

在未来的几十年里，气候变化将影响到世界各地的城市，但是在地势低洼的沿海城市，那些地处大型河流三角洲以及靠近潮汐河口湾的城市里，人们已经强烈地感受到气候变化的影响。

追溯城市生活的缘起，河流冲击三角洲和河口湾地区是人类天然且理想的定居地点，这些地区拥有肥沃的淤积土壤，可以供给潜在的大量人口维持生活。对于河流地貌学家来说，河口湾和三角洲是波浪、潮汐规律这些海洋性影响与水流、沉积物这些河流性影响相融合的地方。对生物学家来说，河口湾是一个充满活力的生态系统，也是一个丰富但脆弱的栖息地，在这里，丰富的水生和陆生物种得以在咸水和淡水的混合地繁衍生息。对于城市形态学家来说，三角洲和河口湾的位置意味着一种特定的聚落形式：一种紧凑型城市形态，并随着时间的推移在靠近水道的地方演化。城市的缔造者很快意识到，城市诞生所依存的土地不仅需要防御敌人，还需要抵御水体的侵袭。在未来几十年中，当沿海城市需要面临气候变化的风险和后果之时，对自然力量的认知程度将再次显示其价值，气候变化会导致洪水泛滥，需要包括人类及其聚落形式在内的所有物种及其栖息地向高地迁徙。

这个主题潜在的范围非常之大。三角洲城市的名单很长；世界人口的 60% 生活在潮汐河口湾或大型河流三角洲附近的城市（Ross，1995）。为了保持话题的可控性，我将集中讨论三个三角洲地区的城市形态：中国南部的珠江三角洲；荷兰的莱茵河、马斯河和斯海尔德河三角洲，以及美国加利福尼亚北部的旧金山湾区。这些地区差别巨大，尽管它们位于三个不同的气候区，并具有不同的政治制度、历史、文化和地理位置，但这三个地区都将被迫应对类似的问题，这些问题将在其都市群景观中引发城市形态的转变和调适。

当欧洲人到达加利福尼亚北部时，他们沿着水路建立了小型定居点，但这些定居点所处的位置看起来就像是一个荒无人烟的地方。城镇大多是以殖民地网格的形式进行规划的，有些城镇希望发展成有地位的城市；有些城市的确如此，但许多城市却没有。19 世纪这些城镇开始建立时，村庄作为下一个最低的定居形式没有被刻意规划。反而随着城际铁路的开通，人们可以住在城市以外的地方，郊区开始迅速崛起。此地成为一个高度分散化的地区，使得私家车出行的能源消耗在世界上排名第四（Newmann，2006）。这里的挑战是改造郊区，通过更好地将土地利用与减少出行的目标结合起来，增加自发改造的潜力。与此同时，该地区地势较低的城市需要设法观照其滨水边界，以应对涨潮和一个巨大水系的排水问题。

在中国的珠江三角洲，成千上万的农业村庄和一些由水路相连的集镇支撑着相对较少的大城市。随着 20 世纪 70 年代末开始的改革开放带来的快速城市化，这一切都发生了改变。此地面临的重要的挑战，是如何保护这承载了 1 亿多人口生产生活的地区内的低洼土地。针对气候变化将会导致的后果的公众讨论是相对静默的，而气候变化导致的风暴潮将会引发更频繁的潮水倒灌以及洪水泛滥；再加上长期的地面地质沉降，气候变化导致的恶果将会十分严重。在社会性挑战中，位居前列的是，需要帮助农村和集镇发展成为支持当代生活的凝聚之地，而不仅仅是为千百万从中国农村地区迁移到这里的农民工提供的郊外集体宿舍。

在荷兰三角洲，在 13 世纪时出现了一个由城镇组成的群岛。"群岛"（archipelago）这个术语很能说明问题，因为直到铁路时代，水体仍然把所有的城市便捷地连接在一起。水体也促成了城市形态的紧凑性，因为所有的城镇化土地都必须被妥善保护以免于被潮水淹没。这里的挑战不是放松注意力。荷兰对城市形态和水资源管理的深刻洞见，对其他地势较低的沿海地区将具有重要意义。对荷兰人来说，海平面上升是一个众所周知的现象。他们认为这种现象开始于最后一个冰河时代的末期。陆地需要一次又一次地受到保护，以免受涨潮的影响。鉴于在 20 世纪 30 年代至 70 年代建造的海岸防潮堤需要重大修缮，保护低洼地区国家海岸的传统工程解决方案当下正引起激烈的争论。传统的防潮堤工程致使莱茵河 [艾瑟尔河（Ijssel）]、马斯河和斯海尔德河的 5 个河口湾中有 4 个被封闭起来，与其修复这些防潮堤等屏障结构，不如认真考虑通过重新开放这些过去的河口湾过境来疏解潮汐和河流的水量。在一个海平面和河流水位远远超过大部分城市化土地的国家，如此做需要荷兰人的聪明才智。

在本书中，我们广义地定义了城市设计的内涵。具体而微，我们侧重于将城市设计作为一种辅助决策的工具，便于更好地传达空间规划和城市形态设计的意图，从而缓解气候变化的不利影响。需要承认重新组织起已经分散化使用的土地是艰难而重要的任务；意味着需要重新组织人的基本活动，特别是那些已知会产生二氧化碳排放的活动：旅行、取暖、制冷、采购食物和废物处理。

空间和土地的使用一样，是资本的一种形式。与金融资本一样，需要了解其投资潜力。在意识到气候变化的城市未来里，这种投资始于不浪费空间。

"所有重大之议题，皆为言之不尽。"（*On all great subjects much remains to be said*）约翰·穆勒（John Stuart Mill，1806—1873 年）的这句话也适用于本书的主题。

注释

1　2013 年 5 月，一个令人担忧已久的临界值被跨越：自上新世（Pliocene Epoch）以来，地球大气中的二氧化碳含量首次达到百万分之 400。5 月 10 日由《洛杉矶时报》（Los Angeles Times）的妮拉·班纳吉（Neela Banerjee）依据斯克里普斯海洋研究所（Scripps Institution for Oceanography）5 月 9 日在夏威夷莫纳罗亚（Mauna Loa）天文台的记录进行报道。4 月 /5 月的二氧化碳排放日平均读数通常是一年中最高的。这些数据是在北半球树木完全落叶之前获取的，这种现象会吸收碳排放。相较之下，1958 年大气中二氧化碳含量的测量值为百万分之 318（318ppm），始观测于莫纳罗亚天文台。

参考文献

Ascher, F., 1995. *Métapolis: Ou l'avenir des villes*. Paris: Odile Jacob.

Braudel, F., 1992. *Civilization and Capitalism, 15th–18th Century, Vol. I The Structures of Everyday Life*. Berkeley: University of California Press.

Lambert, A., 1985. *The Making of the Dutch Landscape, an Historical Geography of the Netherlands*. London and New York: Academic Press.

Mora, C. et al., 2013. The Projected Timing of Climate Departure from Recent Variability. *Nature*, 502, pp. 183–187.

Newmann, P., 2006. The environmental impact of cities. *Environment and Urbanization*, 18(2), pp. 275–295.

Ross, D., 1995. *Introduction to Oceanography*. New York: Harper Collins.

Secchi, B., 2006. *Centro, periferia, città diffusa: le disuguaglianze sul territorio*. Trento, relazione tenuta al Festival dell'Economia di Trento, pp. I–XXV.

Sieverts, T., 2003. *Cities without Cities: an Interpretation of the Zwischenstadt*. London: Spon Press.

第1部分 | 旧金山河口湾和内陆三角洲

莎拉·穆斯（Sarah Moos）对本部分内容有所贡献

图 1.1a

旧金山港口和内陆三角洲的卫星图片（图片来源：谷歌地球，2012 年 10 月）

图 1.1b

旧金山港口（莎拉·穆斯拍摄）

大多数河口湾出现在 1 万到 1.2 万年前，在上一个冰河时代结束、海平面开始上升的全新世（Holocene Period）期间。旧金山湾（San Francisco Bay）也是如此，它是太平洋的一个河口湾，也是萨克拉门托河（Sacrament River）和圣约阿希姆河（San Joachim River）形成的内陆三角洲。但考虑到湾区位于地震活动强烈的地带，地质构造力塑造了这里潮汐和河流的动力模式。北美板块和太平洋板块这两大板块以每年 2.5 厘米的速度相互滑动（Stoffer & Gordon，2001，p.61—86）。当沿着北美板块和太平洋板块之间的板块边界上的压力增加时，加利福尼亚北部的海岸脊线在 200 万到 400 万年前开始隆起。旧金山湾区所在的两个海岸山脊之间的谷地在 200 万到 300 万年前开始形成。地质学家认为沿圣安德烈亚斯断层（San Andreas Fault）带的横向地质运动可能是造成金门（Golden Gate）西海岸山脊发生重大构造性断裂的原因，从而导致岬角顺时针旋转 130°。

这个构造性断裂形成了一个开口。在 20 世纪 30 年代建造金门大桥的过程中，钻孔揭示了过去 50 万年中七个不同的河口湾时期，这七个时期对应于间冰期。在冰河时期，湾底变成了一个山谷，河流在这里形成了深深的切口。最显著的是萨克拉门托河，它起源于内华达山脉北部（Northern Sierra Nevada）曾经冰封的山脉。萨克拉门托河在现在的金门海峡（Golden Gate Strait）内开辟了一个深谷。大约 8000 年前，海水再次返回，在河口湾 50 万年的历史中，第七次返回的海水填补了海湾并形成了今天人们熟悉的潮汐河口（William，2001）。图 1.3 展示了 12.5 万年前的桑加蒙

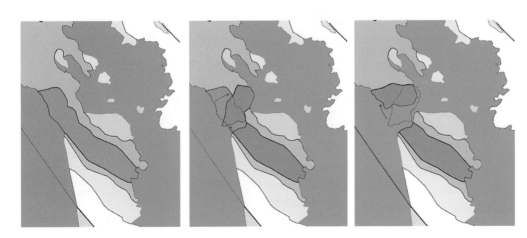

图 1.2

圣安德烈亚斯断层（San Andreas Fault）构造运动引起的金门海脊开口（地图为作者自绘，由贾斯汀·卡南辅助绘制）

图 1.3

12.5 万年前的桑加蒙间冰期
（Sangamonian Interglacial Period），
旧金山半岛北部是一个岛屿（地
图为作者自绘，由贾斯汀·卡南
辅助绘制）

（Sangamonian）（Hansel & McKay，2014）间冰期时的旧金山湾区，当时湾区的地下
水位大约高于目前 100 英尺。

　　萨克拉门托河年流量 2700 万立方米，与旧金山湾以东的圣约阿希姆河汇合，综
合流量达 3300 万立方米。在 1914 年为农业和市政用水建设水坝和引水工程之前，
两条河的综合流量将会接近 5000 万立方米（Meko et al.，2001）。这两条河流及其支
流从北向南穿过整个加利福尼亚州北部，流经 1000 公里长的内华达山脉。虽然萨克

拉门托－圣约阿希姆河三角洲主要是农业区，很少有小城镇，但这两条河可以通过较小的远洋船只通航到斯托克顿市（Stockton）和萨克拉门托市等主要城市。

三角洲的河流整治工程始于19世纪50年代。定居的农民雇用了主要来自广东省珠江三角洲的中国劳工，来开垦沼泽地和培育肥沃的泥炭土层——那是数千年来由腐烂的芦苇形成的土壤。1800公里长、3米高、9米宽的堤坝是使用泥炭和黏土的混合物经由人工建造而成的，这是一项庞大的工程。

三角洲土壤富氧，耕作时会引起沉降。与中国珠江三角洲和荷兰三角洲的水道一样，河床淤积导致河滩与沼泽的水位比邻近的陆地高。暴雨和积雪融化时的洪水

图 1.4

旧金山湾，由于海平面上升，淹没了低洼地区。左下图：根据目前的预测，洪水将在21世纪末泛滥；右下图：红色部分，城市化地区将被洪水淹没。如果不加以保护，大约9%的城市化土地将被淹没

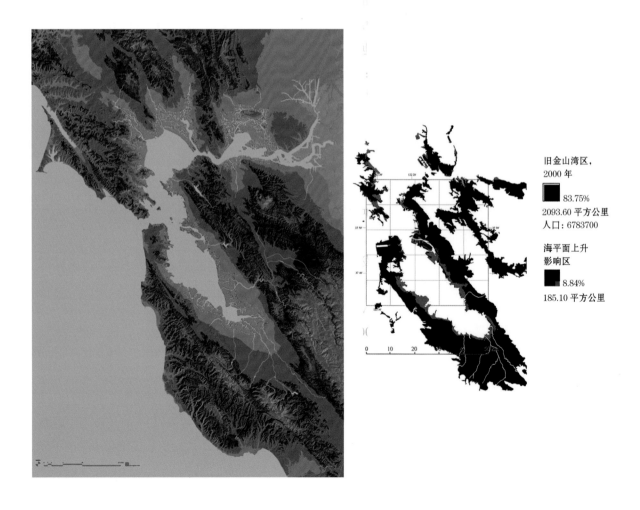

旧金山湾区，
2000 年

■ 83.75%

2093.60 平方公里
人口：6783700

海平面上升
影响区

■ 8.84%

185.10 平方公里

0 10 20

导致堤坝溃决。地面沉降、堤坝溃决、市政用淡水分流和咸水入侵，使三角洲成为一个极具争议的景观地带。种植者与城市用户争夺有限的淡水资源，而环保组织则与两者竞争以确保三角洲生态系统的生存。后者（环保组织）主张湿地修复，或将低洼的农田改为人工湿地。

这两条河流汇合后，形成一个潮汐河口，即休松湾（Suisun Bay），并在卡奇尼兹海峡（Carquinez Strait）汇入旧金山湾北部的圣巴勃罗湾（San Pablo Bay）。这里有更多的小河直接流入旧金山湾。在西班牙人发现时，旧金山海湾水面面积为1.295平方公里。1965年，已填海造地2万公顷用于城镇建设，涵盖铁路、公路、港口、一条机场跑道、军事设施和废物处理。

1965年是旧金山湾历史上至关重要的一年：一场由市民领导的运动，成功阻止了市政当局进行更多的土地开垦（Walker，2007，p.110）。政治地理学家理查德·沃克（Richard Walker）写道："在1965年之前的一个世纪里，没有人会为了向海湾排放和倾倒任何以及所有东西而进行三思。罐头厂、印染厂、制革厂排放出一条臭水沟；冶炼厂、钢铁厂和煤气厂排放出有毒的泥浆；成千上万的船只悄悄地将废物排入水中。"为了防止进一步的填海造地，并为湿地留下土地，一个名叫"海湾保护和发展委员会"（the Bay Conservation and Development Commission）的国家特许机构在1965年得以成立。自1965年以来，旧金山海湾的水质有了显著提升。

近期的一项提案建议把南湾15100英亩的工业盐池恢复为湿地。这些湿地被理解为一种柔性边界的模式，它不仅能为湾区动植物提供栖息，还可以作为抵抗海平面上升的水平堤坝。湿地发挥了一块巨大海绵的作用，可以在需要时蓄水并作为防洪措施，通常比水库或堤坝成本低廉。研究表明，地区湿地覆盖面积增加30%，洪峰将减少60%至80%（Novitzki，1978）。每年每平方米湿地也会吸收大约250克的二氧化碳（Trulio et al.，2007）。湾区沿岸几乎所有的低洼土地历史上都曾经是潮汐沼泽地，这使得这些土地容易沉降和下陷。因此，这些地区的开发价值较低。恢复到湿地后，这些地区可以成为城市发展和潮汐涨落之间的植被缓冲区 [加利福尼亚州海岸保护协会（California Coastal Conservancy），2015]。

在过去的一个世纪里，旧金山湾的地下水位上升了0.185米。到21世纪中叶，"百年一遇的洪水"预计将比目前高0.5米；到21世纪末将高出1.4米（Heberger et al.，2012）。除非有更高的防洪堤保护，否则海平面上升将淹没湾区沿线的公路基础设施、铁路、道路和污水处理厂，以及湾区南部和东部的工业。已经在曾为海湾沼泽地的区域或其附近的地区安顿下来的硅谷的企业，如甲骨文（Oracle）、思科（CISCO）、脸书（Facebook）和谷歌（Google），都将面临被淹没的风险。

加利福尼亚州能源委员会（California Energy Commission）的预测指出，受影响最大的是地势较低的居民社区。他们强调，20 万至 27 万处于危险中的居民主要属于少数族裔和低收入群体。该委员会的结论是：海平面上升将严重影响当地的社会公正。

城镇化

旧金山湾区的人类住区起源于美洲土著人在 126 个小村庄定居的地方（Milliken，2009）。[1] 在 1769 年西班牙人抵达时，海湾地区的土著人口约为 17000 人。由于西班牙禁止外国船只进入美洲西海岸港口的政策，贸易受到限制，因此旧金山湾区周围的农村地区几乎不存在城镇化。奥托·冯·科泽布（Otto von Kotzebue，1787—1846 年）和他在俄罗斯鲁里克号（Rurik）上的旅伴提供了证据。他指挥了这艘船在 1816 年 10 月到访了旧金山湾。历史学家马尔（A. C. Mahr，1932）怀疑鲁里克号是在执行间谍任务。俄罗斯作为拿破仑战争中的胜利国家之一，对加利福尼亚北部海岸的情况极有兴趣，俄罗斯在今天的索诺马县（Sonoma County）的博德加湾（Bodega Bay）和罗斯堡（Fort Ross）拥有殖民地。西班牙于 1808 年至 1814 年间被迫与法国结盟，它在美国的殖民地失去了西班牙本国的支持。俄罗斯贵族尼古拉·鲁米扬采夫（Nicolay Rumyantsev）担任俄罗斯帝国首相，任期到 1812 年为止，他资助了鲁里克号探险队，正式搜寻传说中的航道，鸟类迁徙的路径以及西北航道（North-west Passage），但正如历史学家马尔所料，他同时也在执行间谍任务。在维也纳会议上，拿破仑所占领土被重新分配，之后的第二年即 1816 年，鲁里克号抵达旧金山湾，使马尔的猜测更加合理。然而，鲁里克号船上有著名的博物学家和诗人阿德尔伯特·冯·查米索[2]（Adelbert von Chamisso，1781—1838 年）担任西班牙语翻译。查米索的《工作日记》（Tagebuch，1821），并没有证实马尔关于间谍任务的理论，但只证明了旅程的科学性（Sterling，2011）。俄罗斯在北太平洋的存在感让西班牙很恼火。俄罗斯猎人从事的毛皮贸易中的英国资本也让西班牙恼火。早期的加利福尼亚州历史学家罗伯

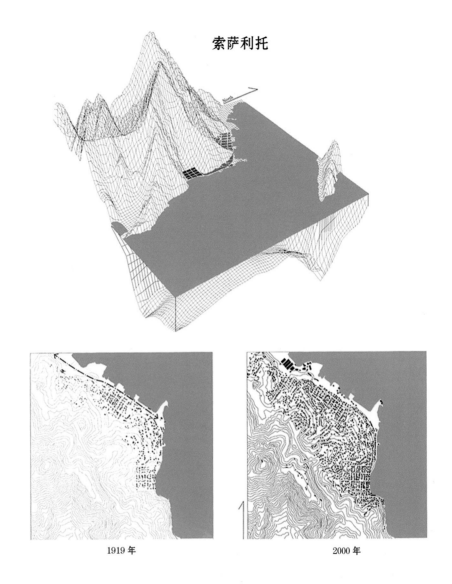

索萨利托

1919 年　　　　　　　2000 年

特·格拉斯·克莱兰（Robert Glass Cleland）引用了阿黛尔·奥德根（Adele Odgen）的话："人们对动物皮毛的渴望导致了太平洋沿岸的商业开放"（Cleland，1962）。

　　历史表明，旧金山湾周围的城市化并没有受到俄罗斯的影响；1842 年，俄罗斯放弃了它在加利福尼亚的殖民地。旧金山湾周围的城市化也没有受到西班牙的约定规束；墨西哥在 1810 年开始独立战争，1821 年脱离西班牙。发表于 1823 年 12 月的

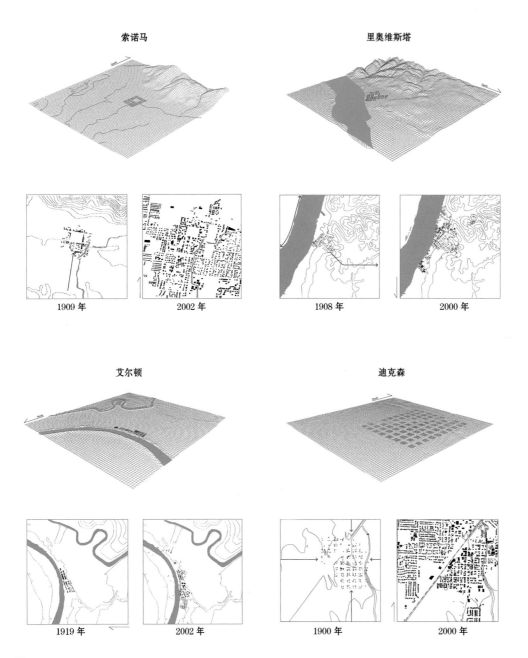

索诺马　　　　　　　　　　　里奥维斯塔

1909 年　　　　2002 年　　　　1908 年　　　　2000 年

艾尔顿　　　　　　　　　　　迪克森

1919 年　　　　2002 年　　　　1900 年　　　　2000 年

图 1.6a

索诺马（Sonoma），里奥维斯塔（Rio Vista），艾尔顿（Isleton），迪克森（Dixon）。左上图：美国地质勘探局（USGS）在 20 世纪初的勘测中显示的城镇；右上图：2000/2002 年度勘测结果；最上图：城镇的概念图，用一个初始网格用灰色叠加强调的 3D模型表示，模型以垂直轴五倍放大来展示地形（图片来源：作者与莎拉·穆斯绘制）

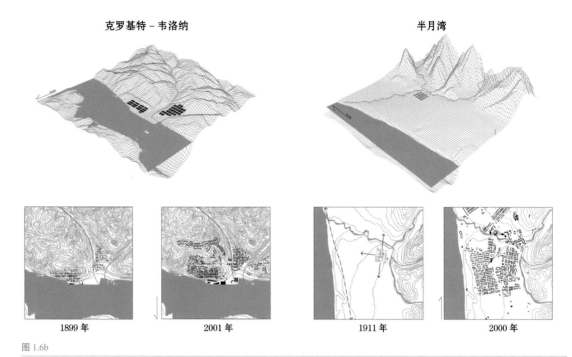

克罗基特 - 韦洛纳   半月湾

1899 年   2001 年   1911 年   2000 年

图 1.6b

克罗基特 - 韦洛纳，半月湾。左下图：美国地质勘探局（USGS）在 20 世纪初的勘测中显示的城镇；右下图：2000/2002 年度勘测结果；上图：城镇的概念图，用一个初始网格用灰色叠加强调的 3D 模型表示，模型以垂直轴五倍放大来展示地形（图片来源：作者与莎拉·穆斯绘制）

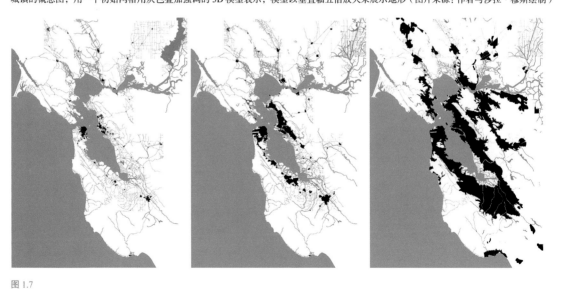

图 1.7

旧金山湾区的城市化进程。左图：1906 年大地震时城市化区域，人口：925708（1910 年）；中图：1947 年城市化区域，人口：2681322（1950 年）；右图：2010 年城市化区域，人口：7150739（2010 年）

1835 年，
耶尔巴布埃纳湾

旧金山东北部滨水地区历史条件
1 单元格 =150 英尺 ×150 英尺；
Z=3 × 4.25 英里 × 4 英里

林孔山
诺布山
俄罗斯山
电报山顶

耶尔巴布埃纳岛

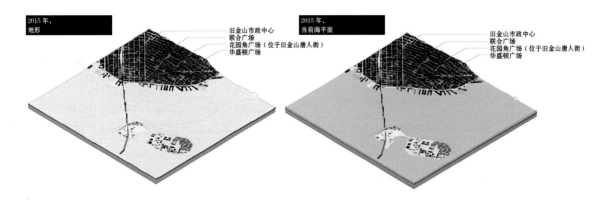

2015 年，
地形

旧金山市政中心
联合广场
花园角广场（位于旧金山唐人街）
华盛顿广场

2015 年，
当前海平面

旧金山市政中心
联合广场
花园角广场（位于旧金山唐人街）
华盛顿广场

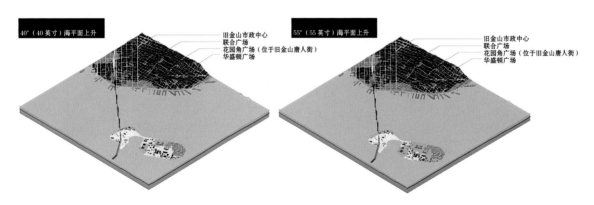

40″（40 英寸）海平面上升

旧金山市政中心
联合广场
花园角广场（位于旧金山唐人街）
华盛顿广场

55″（55 英寸）海平面上升

旧金山市政中心
联合广场
花园角广场（位于旧金山唐人街）
华盛顿广场

图 1.8

最上图：原始地貌；左中图：2015 地形和水深测量图；右中图：2015 年海平面；左下图：40″（40 英寸）海平面上升；右下图：55″
（55 英寸）海平面上升（图片由作者本人在贾斯汀·卡南和库沙尔·拉克哈瓦尼的协助下绘制）。图片来源：Radke et al.，2017

门罗主义（Monroe Doctrine）否定了欧洲关于在落基山脉以西直至太平洋沿岸建立一个独立王国的可能性。门罗主义主要针对俄罗斯，当时俄罗斯与普鲁士（Prussia）和奥地利（Austria）结成神圣联盟，意图在前西班牙殖民地重建君主统治："美洲大陆从此不再被任何欧洲强国视为未来殖民统治的对象"（Cleland，1962，p.59）。随着 1846 年美国占领旧金山湾，城镇化才有了发展动力。

由于旧金山湾区地处偏远，只能通过海路到达，水路交通在 19 世纪湾区开始城镇化之后，直到 20 世纪，一直是新兴城市之间最重要的联系渠道。海湾将旧金山与所有其他目的地连接起来：旅客向东前往 1852 年被定为加利福尼亚州首府的萨克拉门托，乘船沿萨克拉门托河穿过三角洲地区，继续东进到达金矿；途经阿尔维索（Alviso）的一个小港口，前往圣何塞（San Jose）购买水果和农产品；北经索萨利托（Sausalito）购买木材；前往佩塔卢马河（Petaluma river）上游购买牲畜；或前往纳帕镇（Napa alley）购买粮食。于是，沿河船只的航线上出现了小城镇。

我们展示了在旧金山湾区城市化历史早期规划的一些城镇。1838 年至 1870 年，索萨利托市（Sausalito）是由英国水手威廉·理查德森（William Richardson）建立的一座港口城市，他还协助建立了后来成为旧金山的小镇耶尔巴布埃纳（Yerba Buena）。我们还展示了索诺玛（Sonoma）[位于 1823 年在墨西哥统治下建立的上加利福尼亚州教会区（Alta California missions）的最北端]、里奥维斯塔（Rio Vista）[原址在 1858 年被洪水淹没之后，在 1862 年迁到了蒙特苏马山（Montezuma Hills）现在的斜坡上]、艾尔顿（Isleton）（始建于 1874 年，1878 年被洪水淹没，而后在 1881 年、1890 年、1907 年和 1972 年又被洪水淹没），这些滨河城镇都位于萨克拉门托河三角洲（Sacramento River Delta）。从 1852 年开始，迪克森（Dixon）是通往金矿的中转站；作为一个农业小镇，它在 1868 年被转移到两段铁路支线和中央太平洋铁路（Central Pacific Railroad）的交叉点。位于卡奇尼兹海峡的克罗基特－韦洛纳（Crockett-Velona）从 1867 年起就是加利福尼亚州夏威夷糖业公司建造的一个公司城镇；半月湾（Half Moon Bay）从 1840 年开始作为一个渔业镇和太平洋沿岸的农业中心。所有这些城镇在相同尺度上绘制的平面都显示出同样的紧凑性：一种依据其地理位置上的地形、水文和气候条件而形成的城市形态。

19 世纪 60 年代，铁路建设将城市连接起来，但直到 1927 年开始建造桥梁之后，公路交通才取代了渡轮。[3] 1937 年金门大桥（Golden Gate Bridge）通车时，旧金山北部的郊区如雨后春笋般兴起。与此类似，1936 年的旧金山 – 奥克兰海湾大桥（San Francisco-Oakland Bay Bridge）将城市化过程延伸到了旧金山对面的东湾（East Bay）。1956 年的《联邦高速公路法》（Federal Highway Act）延续了郊区的发展；汽车的广泛使用使人们可以在城市之外安居。当人们可以依靠新的州际高速公路系统通勤到旧金山市中心工作以后，一个年轻的经理可以决定把家搬到一个远离市中心的具有 40 分钟车程的新郊区，在阳光明媚的天气里疾驰经过视野开阔的跨海大桥，并直接到达新的中央商务区办公楼的楼下。十之八九，这样的办公楼建筑会矗立在填海造地而得来的土地上。无限空间的诱惑是不可抗拒的。如果无限空间是可实现的，社会就有望从中获益。

旧金山湾区的城市将面临两种类型的空间限制。与所有位于潮汐河口湾和大型河流水系附近的三角洲城市一样，水位上升将限制地势低洼的土地的使用。虽然涨潮的过程是缓慢的，但社区已开始注意到这一点。另一个不太为人注意的限制就是洪水泛滥到河流和溪流入海口附近土地的危险。当河水因海水涨潮而延迟泄洪的时候，河流泛滥就会淹没其自然洪泛区附近的土地，甚至泛滥到更远的上游地区。所有渠化的河流，以及在河流天然洪泛区的土地被城市化开发的地区尤其如此。正如我们将在本书最后的案例中所见：在荷兰，限制河流附近土地的使用这一议题，已被公认与进一步加强海防工程以抵御风暴潮的议题同等重要。

对空间使用的第三种限制比前两种更进一步，因为它对看似无限的空间供应有更深的影响。任何用于遏制全球变暖的风险和后果的重大企划，都将导致公共交通无法支持的城市扩张受到限制。自 20 世纪中叶以来，城市化的扩张是因为社会似乎享有无限制的流动性。寄希望于技术拯救现状的想法，并非人人赞同，却是某些人的救命稻草。更有可能的是，获得财富资源的机会将导致不同的结果。如果只有能够获得资源的个人才能以可持续的方式生活，对社会整体而言则是悲哀的。低收入者将被迫居住到该地区的边缘，并依靠长时间的通勤才能到达市中心的工作地点，因为那些能够维持日常生活结构可持续性的地区也变得难以负担。

注释

1 种族地理学家兰德尔·米利肯（Randal Milliken）列出了 126 个定居点的名字。他将大多数居民点称为集水区村庄，因为这些定居点位于溪流或是通往沿海湿地的水道的交汇处附近。

2 查米索（Chamisso）（1954）最著名的是他的寓言童话故事《彼得·施莱米尔》（Peter Schlemihl），主人公把他自己的影子卖给魔鬼。这篇寓言故事已经被译成所有种类的欧洲语言。

3 最后一艘运载汽车的渡轮于 1954 年停止运营。

参考文献

California Coastal Conservancy, 2015. *The Baylands and Climate Change*. [Online] Available at: www.baylandsgoals.org [Accessed 25 April 2017].

Chamisso, A., 1954. *The Wonderful History of Peter Schlemihl*. London: Rodale.

Cleland, R., 1962. *From Wilderness to Empire, a History of California*. New York: Alfred Knopf.

Hansel, A. K. & McKay, E. D., 2014. Quaternary Period. In: D. R. Kolata, ed., *The Geology of Illinois*. Urbana: Illinois State Geological Survey.

Heberger, M., Cooley, H. & Moore, E., 2012. *The Impact of Sea Level Rise on the San Francisco Bay*. CEC 500-2012-014 ed. Sacramento: California Energy Commission.

Mahr, A., 1932. *The Visit of the Rurik in San Francisco, 1816*. Stanford: Stanford University Press.

Meko, D., Therrell, M., Baisan, C. & Hughes, M. K., 2001. Sacramento river flow reconstructed to AD 869 from tree rings. *Journal of the American Water Resources Association*, Nov, 37(4), pp. 1029–1039.

Milliken, R., 2009. *A Time of Little Choice: Disintegration of Tribal Culture in the San Francisco Bay Area 1789–1810*. Santa Barbara: Balena Press.

Novitzki, R., 1978. Hydrology of the Nevin Wetland near Madison, Wisconsin. U.S. Geological Survey Water-Resources Investigations, 78(48), p. 25.

Radke, J. D. et al., 2017. *An assessment of climate change vulnerability of the natural gas transmission infrastructure for the San Francisco Bay Area, Sacramento-San-Joaquin Delta, and Coastal California*. [Online] Available at: www.energy.ca.gov/2017publications/CEC-500-2017-008/CEC-500-2017-008.pdf [Accessed 25 April 2017].

Sterling, P., 2011. A historic 1816 Russian voyage to San Francisco. *Argonaut, Journal of the San Francisco Museum and Historical Society*, 22(22).

Stoffer, P. W. & Gordon, L. C., 2001. Geology and Natural History of the San Francisco Bay: A field trip guidebook. *US Geological Survey Bulletin 2188*.

Trulio, L., Crooks, S. & Callaway, J., 2007. *White Paper on Carbon Sequestration and Tidal Salt Marsh Restoration*. [Online] Available at: www.southbayrestoration.org/pdf_files/Carbon%20Sequestration%20Dec%20%202007.pdf

Walker, R., 2007. *The Country in the City: The Greening of the San Francisco Bay Area*. Seattle: University of Washington Press.

William, E. P., 2001. *Geology of the Golden Gate Headlands*. [Online] Available at: www.nps.gov/goga/learn/education/upload/geology%20of%20the%20golden%20gate%20headlands%20field%20guide.pdf [Accessed 4 April 2017].

第1章

旧金山湾区城市形态的起源：
水域、陆地和场所

美国旧金山湾周围最古老的城市只有 200 年的历史。城市化已经改变了自然系统，但其改造程度远远低于起源于中世纪的荷兰三角洲（Dutch Delta）城镇聚落，也低于近一千年来在中国珠江三角洲（Pearl River Delta）水域景观中孕育形成的乡村和城镇。

图 1.1.1

1846—1847 年的旧金山。斯韦齐（W. F. Swasey）雕版画，大概在 19 世纪 60 年代完成

[图片来源：加利福尼亚大学伯克利分校班克罗夫特图书馆（Bancroft Library University of California, Berkeley）]

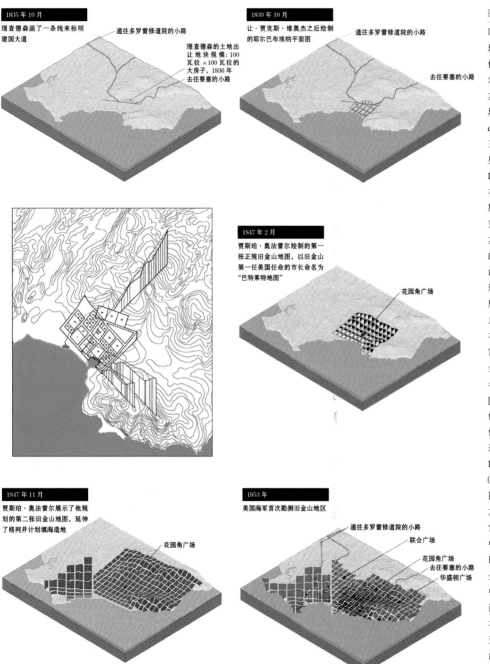

1835 年 10 月

理查德森画了一条线来标明建国大道

通往多罗雷修道院的小路

理查德森的土地出让地块规模：100 瓦拉×100 瓦拉的大房子，1836 年去往要塞的小路

1839 年 10 月

让·贾克斯·维奥杰之后绘制的耶尔巴布埃纳平面图

通往多罗雷修道院的小路

去往要塞的小路

1847 年 2 月

贾斯珀·奥法雷尔绘制的第一张正规旧金山地图，以旧金山第一任美国任命的市长命名为"巴特莱特地图"

花园角广场

1847 年 11 月

贾斯珀·奥法雷尔展示了他规划的第二张旧金山地图，延伸了格网并计划填海造地

花园角广场

1853 年

美国海军首次勘测旧金山地区

通往多罗雷修道院的小路
联合广场
花园角广场
去往要塞的小路
华盛顿广场

图 1.1.2

旧金山市的起源。利用 1853 年的海岸地形测绘资料重新创建的三维模型（由作者绘制，并由贾斯汀·卡南和库沙尔·拉克哈瓦尼协助完成）

左上图：（1835 年 10 月）理查德森在地块上画了一条线，标志出建国大道（Calle de la Fundacion）的位置。图中显示了三块最主要的宅地，以及通往普里西迪奥（Presidio）和多罗雷修道院（Mission Dolores）的小路。

右上图：（1839 年 10 月）根据让·贾克斯·维奥杰（Jean Jaques Vioget）的地图，重新绘制的第一份耶尔巴布埃纳平面图。

左中图：示意图展示了奥法雷尔所使用的测绘方法，即依照电报山和诺布山的山峰确定出主要的轴线方向，形成正方形，继而创建出正交网格系统。剖切线所显示的是奥法雷尔将城市布局置于丘陵地形之上时所使用的照准线。

右中图：（1847 年 2 月）贾斯珀·奥法雷尔绘制的第一张旧金山地图，并以旧金山第一任美国军方任命的市长名字命名为"巴特莱特地图"（Bartlett Map）。[该地图绘制方法依循惯例，与佛罗伦萨·利普斯基（Florence Lipsky）在他 1999 年出版的《旧金山：城市格网遇到山丘》（San Francisco, la grillesur les collines/the grid meets the hill），马赛（Marseille）] 一书中所绘制的旧金山地图非常类似。

左下图：（1847 年 11 月）贾斯珀·奥法雷尔同年绘制的第二幅旧金山地图，图中展示了扩展的网格系统，以及对耶尔巴布埃纳岛湾拟议的填埋方案，这是旧金山湾区的第一项填海造地工程。地图中还显示了市场街的起点，以及市场南面的网格系统。

右下图：（1853 年）在 1850 年加利福尼亚州被美国兼并之后，美国海军对旧金山海岸地区进行了勘测，地图展示了该地区的街道、街区以及建筑

与三角洲地区的其他城市一样，紧凑的城市形态的起源可以追溯到对海事问题的考量。旧金山市的确切位置是由英国水手威廉·A. 理查德森（William A. Richardson）决定的，他在 1822 年 4 月作为二副乘坐一艘英国捕鲸船到达旧金山。在他抵达前一个月，1821 年墨西哥脱离西班牙并独立的消息终于传到了位于旧金山湾区的前西班牙帝国最北方前哨殖民地。理查德森被派驻上岸，以确保旧金山要塞（Presidio）的粮食供应正常。他没有返回船上，而是参加了一个嘉年华节日活动，偶然遇见了当时要塞指挥官的女儿玛丽亚·马丁内斯（Maria Martinez），并决定留下来。理查德森前去拜见了总督帕布罗·维森特·德索拉（Pablo Vicente de Solá），后者是最后一位治理作为西班牙殖民地的上加利福尼亚州（Alta California）地区的总督。尔后，理查德森成为墨西哥公民并皈依天主教。德索拉之后的总督解除了西班牙长期以来在其太平洋港口对非西班牙船只的封锁。为了改善贸易和维持边远地区的治理，须在金门建立一个正式的港口。因为受过航海训练的背景，理查德森被任命为港口负责人，并在 1835 年受命将这个天然港口设计并建造为一个城镇。而选定的地点正是偶尔造访旧金山湾的船只停靠过的地方。[1]

为了保护船舶停泊处，理查德森选择耶尔巴布埃纳岛（Yerba Buena Island）对面的一个海湾作为新城的选址。一般由强劲的西风或西北风驱动的帆船驶过金门的时候，会被要塞的士兵识别出来，故需紧靠右舷，并在船只经过电报山之后，收好船帆，滑行进入由电报山避风的小海湾抛锚停泊的港湾。理查德森规划了小镇的第一条街道，即建国大道（Calle de la Fundacion，Scott，1985），这条街道基本与海岸线平行。新修的街道位于海湾一侧，标记了下至高水位线的陆地部分为政府的土地资产，并可通过土地出让或后来通过购买获得私人房地产。在建国大道（Calle Fundacion）的土地上，这条道路放到今年可能会穿过华盛顿大街，理查德森为他的家人标出了第一块宅基地。

1846 年，美墨战争即将结束之时[2]，一支美国海军占领了耶尔巴布埃纳港，并将其改名为旧金山港。贾斯珀·奥法雷尔（Jasper O'Farrell，1817—1875 年）是一位爱尔兰土木工程师，他于 1843 年途经智利到达加利福尼亚，并受委托绘制了旧金山的第一张官方正规地图。该地图于 1847 年 2 月获得批准，并被后人以旧金山第一任美国任命的市长命名为"巴特莱特（Bartlett）地图"（图 1.1.2，右中图）。

旧金山的城市街区

图 1.1.2 中，左中图是为了更好地理解那些在不规则地形上规划城市的人是如何绞尽脑汁绘制完成一个规则网格的概念的。尽管存在明显的障碍，用网格划分土地的过程却有着惊人的持久性。奥法雷尔（O'Farrell）之后的旧金山人将城市规划向西和向南延伸，总共规划了 27 个网格，直到 20 世纪中叶将整个旧金山半岛用格网覆盖。时至今日，城市设计师还在街道和街区的网格中对地块的模块化秩序进行修订、添加和转换。建筑物得以增建和改造，但是城市街区的概念因为其内在的灵活性依然行之有效。它的特点是：*由成排的建筑组成，街区地块内所有的四排建筑物几乎以相同的尺寸紧邻四围的街道*。

旧金山的城市形态是在 19 世纪确定下来的，当时的土地测绘方法受到西班牙殖民传统的影响，而由于靠近水域边缘丘陵地带的地理环境，又使得城市选址变得更为复杂了。奥法雷尔当时一定是将他配有镜片的三脚架放在了海湾的边缘，距离高水位线 100 瓦拉（vara）[3]，海拔高度 3 米。他将他的经纬仪，也就是我们今天所说的测绘仪，对准西面距离最近的山头，也就是现在的诺布山（Nob Hill），山顶标高为 130 米。之后，他又将经纬仪转向 90°，对准北面距离最近的山头（电报山），其山顶标高为 67 米。如果有必要的话，他会再次校准经纬仪的定位，以确保两条照准线之间的夹角为 90°。在图 1.1.2 的左中图中，用 "o" 标记了一个精准的点位，位于蒙哥马利大街（Montgomery Street）的中部，那里是克莱街（Clay Street）与华盛顿大街之间街区的中心。如今，商业街就是在这里同蒙哥马利大街交会的。这个点标志着奥法雷尔所规划的旧金山新轴线的开始。之后，奥法雷尔又沿着中轴线向西行进了 100 瓦拉，来到电报山第二个山头，其标高为 85 米。在这里，他再一次将经纬仪对准诺布山，校准设计的轴线，之后又将经纬仪转向 90°，对准电报山的第二个山峰。他这样的做法是必要的，如此才能验证他所设计的中轴线的方位角，以确保他绘制的地图所表现出来的是完美的正投影。

奥法雷尔基本上不可能接受过中国古代风水知识的训练，但他的做法却非常类似于风水理论中将自然界的风、土地和水融合为一个相互和谐整体的思路。如果他的头脑中并没有风水堪舆的概念，那么支配他的就一定是其调研的准确性；他所绘制出来的地图要被用作法律文件，政府会依据地图签发土地的所有权。奥法雷尔对于自己图纸的准确性很是担心，因为他的前任让·贾克斯·维奥杰（Jean Jacques Vioget），一个来自瑞士的新手，曾在1839年首次为墨西哥政府勘验过这个定居点，但却将直角偏差了2.5°，于是使地块成了不规则的四边形（参见图1.1.2，右上图）。而且，贾克斯·维奥杰并没有依照正交的方向来确定网格的方向，而是偏向西北11°，如果不对已经授予法定所有权的地块进行变更的话，奥法雷尔就无法纠正这个错误。1839年，在贾克斯·维奥杰身处的那个时代，对于一个总人口数不过50人的小村庄来说，这点错误根本算不上什么大问题，这个小村庄毫不起眼，仿佛处于世界的边缘。但谁又能料到仅仅十年之后，也就是1849年，会有成千上万的人被黄金财富吸引而来到这里呢？我们知道，在1847年，当奥法雷尔绘制地图的时候，旧金山拥有大约800名居民（Lipsky，1999，p.25）。而到了1850年，旧金山的人口数已经增长到了37776（Moudon，1989，p.26）。政治局势不断变化，加上后来又在这里发现了黄金，驱使越来越多的人们来到这里定居，他们将购置房产视为一种便于交易的投资。旧金山就地理位置来说仍然是很偏远的，但是一个有序的、可以明确体现出产权的网格系统仍然具有非常重要的意义。

西班牙殖民城镇传统的广场布局形式是符合1573年颁布的《印度法》（Law of the Indies，是西班牙腓力二世颁布的一套法律，主要是用在殖民地管理规划——译者注）（Crouch et al.，1982）相关规定的。法案中那些明确的指令都来自维特鲁威（Vitruvius）的著作，他曾经在奥古斯都大帝时期（Emperor Augustus）撰写过关于殖民地城镇布局的文章。法规限定了街道的宽度与方向，以阻挡或利用风力，营造出令人舒适的微气候。法规还规定了广场的规模，使之可以容纳所有预计居民的聚会。在旧金山，广场的尺度为100瓦拉×100瓦拉。在奥法雷尔的设计中，他对广场——也就是著名的花园角广场（Portsmouth Square）——进行了调整，但与海岸线保持了一个街区的距离。直到19世纪80年代，这个广场一直都是旧金山的中心。后来，当城市的中心向西移动后，这个广场就变成了唐人街的中心。

在陡峭地形上设置规则的网格系统，这样的做法是否"愚蠢"，历史学家们记录了相关的讨论（Lipsky，1999，p.51）。[4]奥法雷尔在1847年2月绘制完成的地图所沿用的是一种古老的殖民定居点布局传统形式。同年，迫于压力，他又对这份地图进行了修改，在我们的讨论中，我们认为这些修改具有非常重要的意义。1847年11月，也就是在第一次勘测的八个月后，奥法雷尔不得不通过设计扩展，为这座新的城市创造出更多空间。重要的是，他将城市的范围一直扩展到通过填海而形成的土地上，这些土地都来自旧金山湾区，到了 21 世纪就会被海水淹没。由于新居民的迁入速度比预期快得多，所以奥法雷尔又不得不绘制了第二版的地图（参见图 1.1.2，左下图）。

奥法雷尔的规划非常务实，他绘制了三排城市街区，但这些街区并不是在陆地上，而是在浅水区。坐落在这些地块上的建筑将会成为这座城市中最有价值的房产，因为一旦开始填海造地，这些新的土地将会使这座城市更加接近通航水域。从外海驶来的帆船不再需要像斯韦齐（W. F. Swasey）在版画中所描绘的那样停泊在岸边，而是可以直接停进即将建造的码头。在 1853 年对实际状况调研的资料中显示，这样的码头共有七座，而这时距离奥法雷尔 1847 年 11 月完成地图仅仅过去了六年。最终，整片浅水区都将会被填满。在电报山和林肯山之间，蒙哥马利大街东北方向都是通过填海形成的土地，那里将会成为旧金山的金融区。这些建在低洼地带的街区如果不加以保护，就会由于海平面上升而遭海水淹没。

在奥法雷尔的第二份地图中，也有一项非常务实的做法。他一定意识到了，假如旧金山市打算在丘陵地带顺利扩展，就必须要有一条高等级的道路，而这条道路将会成为商业、交通和文化生活的中枢。他针对其原始地图南面的土地进行了勘察，那是一片由丘陵和洼地组成的区域，地理位置靠近潮汐沼泽，加上排水不利，所以大部分土地都很泥泞。这就是市场街（Market Street）起初的样子。奥法雷尔将市场街的宽度设为 40 瓦拉，并以 45° 角的方向将其引到他之前规划的网格系统中。又一次，他将新的街道对准了一组小山：双峰（the Twin Peaks）。这条街道构成了两个网格之间的分界线。在其北侧，市场街与预先设定的网格形成了不规则的交叉。而在南侧，奥法雷尔则可以自由建立起新的、尺度更大的网格。在未来的几年间，仓储业和与海港相关的行业都会在这里落户，还有为新搬迁来的居民提供的社区服务。市场街以南那些早期的社区现在基本上已经不复存在了。在第三大街与第四大街之间，位于教会街（Mission Street）上的圣帕特里克教堂（St. Patrick Church）兴建于 1851 年，曾经是一个爱尔兰人社区的中心。在 20 世纪 60 年代的城市重建进程中，这个社区已经被拆除了。

城市街区和城市化的阈值

读者朋友们或许有兴趣了解历史信息与当今的决策之间存在着怎样的相关性。时至今日，当我们探讨气候变化会带来哪些后果时，根据地形状况来确定城市形态的做法，为我们上了新的一课。

在世界各地的很多城市都能找到城市街区，这种布局形式并不仅仅出现于某一个历史时期，无论何时，只要需要将居民以及他们的活动集中在靠近水域的有限土地上时，就会出现城市街区，这绝非是偶然的。这种布局形式使最有价值的沿街面空间得到了最好的利用。前排的建筑面朝公共街道。这些建筑的入口、开窗，以及富有商业气息的临街立面，将街道塑造为一种积极的空间，促进人们之间的互动。因此，街道成为了城市中公共生活流动的管道。对周边式街区的尺度进行精心设计才能得到最合宜的效果。例如在旧金山，临街面的长度为 8 米，对于低层与中高层建筑来说，这样的尺度就是最理想的。在这样的一个尺度范围内，可以设置很多入口，而这样的布局反过来又能促使在这里生活或工作的人们频繁互动。紧凑的布局形式产生了适度的高密度，有利于将各项不同的活动整合在一起。或者，用法国著名历史学家费尔南德·布罗代尔的著作《日常生活的结构》（The Structures of Everyday Life）中的话来说，街道与街区创造了一种环境，而这种环境正是从非城市空间跨越到城市空间的门槛（阈值）。布罗代尔所谓的"门槛"意味着，人的存在是城市化的一项关键性因素。城市化的阈值标志着一种水平，一旦达到了这种水平，自发性的转变就成为了可能[5]；足够多的人共同生活在一个地方，促成了经济交易，而这样规模的经济交易又能够负担服务的支出，其中也包含公共交通的支出。

还有一个问题更加微妙，但也具备同等权重，即住宅建筑朝向后方的部分，也就是街区中心的方向。在一个街区的配置中还有一个隐含的条件，那就是建筑物后方需要设有露天的开放空间，如此才能确保阳光照射到建筑物的背立面。建筑物前面朝向街道，后面朝向公共空间，我们这里所说的公共空间并不一定是像公共庭院一样的共享空间，但也可以是这样的形式。这个空间更有可能会被划分为私人的后院。这样的私人后院可以用于各种活动，有的时候，还可以搭建比较低层的结构，作为工作区、花园或储存空间。在使用上，城市街区的设计是非常现代的。著名建筑师保拉·维加诺（Paola Viganò）（2016，p.150）展示了比利时北部港口城市安特卫普

（Antwerp）周边式街区的图纸，这样的环境非常适合年轻的家庭，他们需要带有花园、对儿童友善的住所，并且靠近工作场所，从而可以减少日常生活对汽车的依赖。在理想的情况下，居住在周边式街区的居民既可以看到前面的公共街道，又可以拥有后面的私人空间。在旧金山，绝大多数的联排式别墅都同时具有这两种优势。大多数街区的空间都相当宽敞，能够容纳树木生长。当树木生长到三四层楼高，或是更高的时候，通过后窗，就可以将外面的自然景观引入家庭内部。通过自然光线的变换，居民们可以感知季节与气候的更替。其他类型的街区结构也能营造出类似的效果，但却没有一个能像城市街区这样集中紧凑，街区的周边都是由建筑物围合而成的。

在周边式街区内生长着很多比建筑物还高的树木，这不禁让人想起了在旧金山传统的街区中，所有建筑物的高度都是一致的。每栋建筑的高度都是 3 到 4 层，这并不是由建筑法规或规划条例硬性规定的，而是由传统木框架结构的技术局限性所决定的。在世界各地，墙体之间木结构最适合的跨距约为 4 米。由于每个地块的尺寸为 10 瓦拉（或 8 米），因此每排建筑包含两个结构开间。建造一栋不超过 4 层的建筑物并不需要运用到什么特殊高深的数学知识。在 19 世纪中后期，自信的工匠们很轻松地就可以建造出一排又一排这样的建筑。后来，为了保护居民免受火灾危害，建筑物允许的标高被编入了法规，但在初期，建筑物的高度仅仅是因为受到了施工工艺的限制。在旧金山的北部和南部地区，木材是非常容易取得的建筑材料。巨大的红杉树被砍倒，整片森林遭到砍伐，再经过拖拽、漂过海湾，运送到对岸新的基地，之后摇身一变，形成了一座新的城市。

在街坊建筑街区中生活

当我们公开讨论适度高密度的优势时，加利福尼亚州的城市设计师们很容易陷入被动。说起密度，总是会与拥挤、隐私泄露，以及缺乏停车位等问题关联在一起。而这些问题都属于比较文明的问题。除此之外还有很多问题，更为对抗性的问题，是多元文化社会的公民们比较不会公开谈论的。这些问题涉及种族、收入、生活方式以及移民的融合。有人反对高密度，并不是因为人们会居住得比较近，而是因为要与那些被认为行为举止与大众不同的人住在一起。著名建筑师阿摩斯·拉普卜特（Amos Rapoport）（1975）呼吁，应该对密度这个概念进行重新定义，它不仅是反映每单位面积土地上所容纳的人口或住房的度量单位，还要增加感知的因素，从而修正人们对于拥挤的判断。他判断，如果建筑形式过于单调，或是视觉效果过于杂乱，都可能会使人感受到密度的增高，但绿色植物的存在和建筑造型个性化的表现，都会使人感受到密度的降低。他得出的结论是，观察者可以通过与居住者的行为与社会地位相关的线索，来判断环境的密度。

城市设计师希望能够通过设计来改善引起气候变化的成因，让人们居住在适宜密度的住宅中，而建筑布局的形式有利于空间的节约，他们一直都在关注着这样一个问题：居民愿意接受的适宜高密度住宅到底应该是什么形式的？特别是在旧金山湾区这样的地理条件下，这个问题显得尤为重要。在旧金山湾区，成排紧凑布局的建筑形式主要局限于旧金山的社区，但在其周边的所有城市，占主导地位的却是独栋的单一家庭住宅。

居民的支付能力将会成为支持高密度的一个主要因素。一个几代人都居住在独栋住宅的家庭，很可能会因为经济负担而被迫迁入多层公寓生活，这就是如今的社会。然而当今的公寓生活，可供选择的建筑形式也只有两种——板式或塔式的双走廊建筑，在这些建筑中，所有楼层的邻居分别居住在朝向这一侧或另一侧的公寓套房中，并共享一个中央走廊。为了应对造成气候变化的起因，并考虑到居民的支付能力，设计师需要证明自己可以通过对城市形态的设计，来改善人们对于密度的负面认知。旧金山的周边式街区就是一个很不错的例子。这样的设计是如何缓解拥挤感的呢？我们针对这个问题进行了很多后续研究与测试。

旧金山的嬉皮区（Haight-Ashbury district）以 20 世纪 60 年代的反主流文化运动而闻名。五十年过去了，随着社会活动的空间越来越少、房价不断飙升以及严峻的经济现状，若想在这个区域租到或购置一套公寓，那么一个家庭中至少要有两个或两个以上稳定的工薪阶层收入才能实现。2010 年，旧金山市居民家庭收入中等水平为每年 60700 美元。随着房屋租金的上涨，消耗在房租或抵押贷款上面的金额几乎接近了家庭收入的一半。在第一轮的调研中（Elliott et al.，2012），我们选择了五个居住密度相似的街区，平均每英亩土地容纳 30 套公寓（从 27 到 33 套不等）。这几个街区的面积各不相同，所以居住的人口数也不同。在选定的五个街区中，面积最大的街区居住着 388 名居民，而最小的街区居住着 131 名居民。当我们要求被访问对象估计自己所在街区的人口数量时，那些前临街道后拥私家庭院的住户，一般都会低估他们所在街区的人口总数。无论街区的规模大小，居民们都会有相同的感觉。相反，那些居住环境仅仅面朝街道，却没有后院的居民通常都会高估他们所在街区的人口总数。由此，我们得出结论，居民的住宅可以直接通向街区的内部空间，或是可以通过视觉看到街区的内部空间，会降低人们所感受到的密度。后来，我们又对那些居住环境仅有后院的住户进行了同样的研究，发现之前的观察结果仍然是正确的。这些居民同样会低估他们所在街区的人口总数。

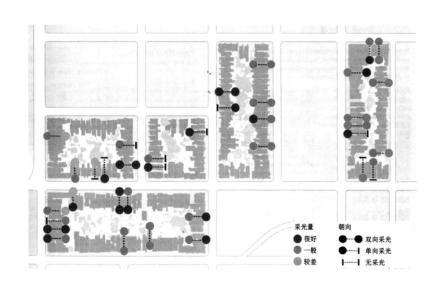

图 1.1.3

上图：嬉皮区的周边式街区（图片来源：谷歌地图，2010 年）。
下图：嬉皮区的周边式街区图。视图显示了研究人员为了调研居民对密度的感知而选择的五个街区，也显示了参与调研的居民所在位置、他们可以接收到自然光线的多寡，以及他们的住所朝前、朝后，还是朝前后两个方向开放 [图纸由塔尼·艾略特（Tani Elliott）、安德烈·斯托尔泽（Andrea Stoelzle）和克里斯·图切（Chris Toocheck）绘制]

一年后，我们对向受访者提出的问题进行了一些调整，并在同样的社区进行了调研工作（Jin et al.，2013），但这一次只选择面积与人口数相当的区块进行对比，每个区块的人口数约为 300 人。第二次调研工作证实，拥有私人后院的住户所估计的总人口数，要低于那些只能共享后院，或根本没有后院的居民所估计的总人口数。差异很明显，对比结果具有统计学上的意义。拥有私家庭院的受访者估计，他们所在街区的人口总数平均比其他受访者低 30%。所有接受访问的住户，他们居住空间

图 1.1.4

旧金山的教会区域（Mission Area）街区 [图纸由安妮·陈（Anne Lingye Chen）绘制]

的面积都相差无几。同样，那些虽然没有直接的通道进入后院，但却可以通过视觉拥有完整后院景观的住户，他们对所在街区总人口数的估计，相较于完全看不到后院景观的住户少了 25%。所以，我们得出的结论是，能够从自己的住所直接进入一个私家庭园，或是能够看到完整的后院景观，都会使人感受到的密度低于实际的状况。

在这两轮调研过程中，我们都会要求受访居民描述从自家窗户向外看到的景观。我们列出了 54 个形容词（其中有正面的，也有负面的），要求受访者从中挑选出适宜的词汇来描述自己所看到的景象，他们对于前面沿街景观最常见的描述是"活泼的"

依方向和形状绘制的矩阵

图 1.1.5
旧金山街区的朝向 [图纸由陈（A. Chen）、科拉索（D. Collaros）、利卡特（R. Recarte）和卡布里亚（G. Kabrialian）绘制]

与"繁忙的"。还有一些形容词，也是居民们比较频繁挑选出来的：枝叶繁茂的、阳光的、活泼的、喧闹的，以及令人愉悦的；此外还有用得更少的一些形容词：明亮的、光线充沛的和嘈杂的。不同街区的居民对于形容词的选择并没有太大的差异。事实上，居民们从窗户向外看到的街景都非常相似。至于建筑后方的景观，由于树冠的面积、后方建筑物的存在，以及庭院的维护状况都不尽相同，所以从后窗向外看到的景观差异就比较明显了。然而，在第一轮的调研中我们发现，无论街区的规模和绿化的数量存在怎样的差异，居民对后视景观的印象却都是一致的。在第一轮投票中，在拥有超过 300 名居民和 28% 树冠覆盖比例的最大型的街区，受访者一致选择了明亮、绿色、枝叶茂盛、平静和明亮这些形容词。而在另一个规模较小、拥有 251 名居民、树冠覆盖比例为 52% 的街区，受访者也选择了以上这些形容词。同样，规模最小，只有 131 名居民的社区，树冠覆盖比例为 38%，受访者所选出的形容词仍然是上述这些。我们调研的街区密度都是相同的，即每英亩土地容纳 30 套住宅单元，虽说街区后面绿色植物的存在是非常重要的，但是绿色植物的数量和街区的尺度，似乎对人们关于周边式街区内部空间品质的认知并没有产生什么显著的影响。

在对旧金山城市街区进行调研的过程中，我们很想知道，一个更紧凑、更窄的街区是否会因为后立面之间间距的减少而影响到居民的私密感。在我们调研的过程中，遇到最窄的街区，其后立面之间的间隔空间只有 50 英尺。那里的环境令我想到了希区柯克（Hitchcock）的电影《后窗》(Rear Window)，那个故事发生在曼哈顿街区的周边地区。我们向居民询问，是否会感觉旁边的邻居可以窥探到他们的家里，我们发现，那些居住在面对街道单一朝向住宅的居民，他们对于隐私问题会有更多的担忧。

对设计师来说，尺度是非常重要的。测量密度的方法有很多。我们测量了周围街道中心线之间每个街区的土地面积。单纯以数字来说，在我们第一轮的调研中，面积最大的街区为 3.6 公顷的长方形，面积最小的街区为 2 公顷的长方形。这些是总密度的相关测量值。街道空间（包含人行道在内）的数量是以百分比的形式表示的，在最大的街区中街道面积所占比例为 31%；而在最小的街区中街道面积所占比例为 41%；建筑物覆盖面积所占的比例为 37% 至 46%；庭院空间所占的比例为 19% 至 29%。在第二轮调研中，我们选择的研究对象都是同样大小的地块，每个地块面积略大于 2.6 公顷，建筑物覆盖面积所占的比例为 50%，街道和人行道所占的比例约为 26%，每个地块中心的庭园空间所占的比例为 20%。看起来，一块面积为 2.6 公顷的地块，有效地将土地划分给了建筑、私人开放空间，以及街道和人行道等公共区域这些不同的用途。

由于居民们都很喜欢开窗的朝向，可以接收到阳光和绿化景观，所以我们想要了解更多不同朝向区块的优势。旧金山共有 5808 个周边式街区，大多数都是依据基本轴线的方向布局的。正如本章前面所讨论的，贾斯珀·奥法雷尔（Jasper O'Farrell）最主要的工作，就是将理查德森早期规划的沿对角线方向排布的街道，修改设计为南北向和东西向整齐有序的街道网格。在他的网格系统中，东西方向的街道更长一些，这是因为建筑物朝南或朝北的开窗比朝东西向开窗的数量更多。随着网格系统的不断扩展，人们开始倾向于加大街区南北方向的尺度，从而增加了东西向布局的公寓数量。有些公寓由于朝向问题，存在前面或后面直接采光不足的问题，而这个问题通过设置呈一定角度的凸窗，可以或多或少得到一些弥补。

为了验证早期学者们对于理想街区定位的相关研究，例如拉尔夫·诺尔斯（Ralph Knowles）或维克多·奥尔盖（Victor Olgyay）的研究（Knowles，1981）[6]，我们又组建了一个研究团队（Chen et al.，2012）来到旧金山的周边式街区，研究居民生理上的舒适感。我们配备了很多仪器设备，监测光照度、温度、光强度、颜色、风和湿度等指标，分别在三种类型的区块周边采集了气候资料。这三种类型分别是：南北向、东西向，以及与主轴线方向成 45° 角的区块。测量结果显示，成 45° 角方向布局的区块在早上和下午，接受到的日照度和亮度测量值都高于另外两种类型的地块。正午时分的测量数值与我们估计的一样，三种类型地块都是相同的。在研究团队所建立的气候与亮度模型中，东西朝向的区块在接受太阳辐射方面排名第二，南北朝向的区块排名第三。以上这些并不算什么新的发现，但是那些居住在沿对角线方向布局的区块内的居民，他们对于太阳辐射和亮度的实际感受，是否也会同实地测量与模型预测的结果一致呢？答案是肯定的。当我们向受访者询问，感觉自己的家能够接受到多少阳光时（我们设定了从 0 分到 5 分的范围），那些居住在对角线方向区块的居民们选择的数字要高于住在另外两种区块的居民。我们又提出让他们对自己家里的采光情况满意度进行评价，居住在对角线方向区块的居民，相较于其他居民更容易做出"非常满意"的评价。

历史上的城市街区

在城市街区的环境背景下，一群专业人士讨论阳光、空气和绿化的好处，是颇具讽刺意味的。然而为了获得更充沛的阳光与空气，国际现代建筑协会（简称CIAM）[7]的参与者们就上述议题展开了讨论，他们主张摒弃城市街区，选择被开放空间环绕的独栋建筑，而这些所谓的开放空间大多是未经设计的空间。菲利普·帕内雷（Philippe Panerai）提醒我们，城市设计师仿佛一直都在围绕着城市街区的优缺点这个议题打转。那些赞同国际现代建筑协会主张的专业人士，将城市中的种种不利问题全都归咎于19世纪欧洲城市街区拥挤的环境，并倾向于在如公园一般的环境中兴建独立式的塔楼（Panerai et al.，2004）。不仅欧洲的城市宣布禁止了周边街区这种布局形式，凯瑟琳·鲍尔（Catherine Bauer）甚至还评价1879年通过的《纽约住房法案》（New York's 1879 Housing Act）"或许是全世界最糟糕的合法建筑形式"。一栋栋公寓林立，法律允许的土地覆盖率甚至达到了80%。纵观历史，大量外来人口从农村或国外涌入城市，助长了土地投机。过于宽松的建筑法规使城市街区这种布局形式变得声名狼藉。

纵观历史，城市街区这种布局形式是很值得研究的。1975年出版的法语版图书《城市形态》（Formes Urbaines）[过了很长一段时间才被翻译为英文版本《城市形态：城市街区的死亡与生存》（Urban Forms：The Death and Life of the Urban Block）]是这一领域很重要的著作。这本书的其中一名作者菲利普·帕内雷还介绍了另外一本很重要的著作:《荷兰城市街区地图集》（Atlas of the Dutch Urban Block）（Komossa et al.，2005），该图集中涵盖了荷兰跨越三个世纪的众多城市街区设计。甚至在近期，伦敦建筑师鲍勃·阿莱斯（Bob Allies）也认同《地域结构》（The Fabric of Place）一书中的观点，即密度被视为对规模、私密性和个性等既定概念的威胁。但是，密度不断增加的城市街区却正在成为实现可持续性城市形态的先决条件。就像碳足迹的既定概念一样，阿莱斯也主张追求合理的住宅足迹（占地面积）。假如说过去伦敦周边式街区典型的联排式住宅当中的一栋建筑里，居住着一个五口之家，这栋住宅还包含一个小小的前院和一个纵深10米的后院，经计算可知，每人所占用的面积约为30平方米，而现在由他的公司进行城市街区设计，可以将这家人的住宅占地面积减少一半甚至更多。人们对适度的高密度又重新燃起了兴趣，然而在当今的社会，我们必须要应对引起气候变化的各项因素，同时住宅建筑的成本也不能太过昂贵，要让人们负担得起，因此，出现了一个与城市街区相关的新议题，那就是宜居的密度。在下面介绍的九个历史周边式街区的案例中，我采用了鲍勃·阿莱斯的计算方法来计算住宅的占地面积。[8] 图 1.1.6A、图 1.1.6B 和图 1.1.6C 分别展示了从庞贝（Pompeii）到马尔默（Malmø）几个海港城市中的城市区块，图纸的绘制比例都是一致的（足迹地图由金贤英绘制）。

为了应对引起气候变化的起因，关键的一点就是住宅设计必须要能够吸引新的居民居住到城市街区，而要实现这个目标，最好的办法就是满足住户的私密性要求，并做到与大自然的和谐共生。另外还有一点，住宅的价格要让人们能够负担得起，特别是在旧金山湾区，这就需要规划出适宜的高密度和比较小面积的户型。赋予居民个性化的居住状态，就可以打破千篇一律的印象。虽然图 1.1.6A、图 1.1.6B 和图 1.1.6C 中所选择的城市街区都是历史上很著名的街区，但位于阿姆斯特丹著名的德克勒克区（de Klerk）却有着非常鲜明的个性（Komossa et al.，2005，p.63）。同样，哥本哈根的土豆排（Potato Rows）街区（Ørum-Nielsen，1996，p.146—151），以及旧金山的嬉皮区，都赋予住宅单元两个开放的朝向，后面可以看到自然的景观，前面可以看到城市生活，并通过这样的方式来缓解拥挤的感觉。这些街区还在其核心的位置设计了绿色植被，这样的做法可以起到降温的效果，随着城市的温度越来越

图 1.1.6a

上图：庞贝（Pompeii）的城市街区，庞贝城中的这些街区都是典型的四合院形式。地图中心区域被选出来作为调研对象的区块，土地覆盖率为 79%。区块的规模不大，净面积只有 2880 平方米。在选定的街区中共包含七个地块，其中的两个地块建有两栋大房子和面向主要街道的商铺。剩余的五个地块规模中等或偏小，面向内部的小街小巷。考虑到每个家庭的人数不同，我们假设每一栋单层四合院住宅平均居住 5 个人，那么每个居民所占有的居住空间占地面积即为 66 平方米。每栋住宅里都居住着一个大家庭和一些仆人。

中图：1616 年至 1658 年，位于阿姆斯特丹绅士运河（Herengracht）和皇帝运河（Keizersgracht）之间的街区。该地块的土地覆盖率为 61.6%。根据荷兰凯乌尔（Keur）地区的法律规定，要在街区的内部空间营造出"田园式"的环境，并禁止在街区的中央建造公寓、胡同，仅经营"有害无益的"小店铺（Komossa et al.，2005）。这个街区的规模很大，净面积达 16275 平方米。我们对这个街区所包含的 71 个地块进行了统计，这些地块上的建筑平均高度为 4 层，面对着运河与纵横交错的街道。此外，那些面临运河的地块上还建有第二栋建筑，通过庭院与前面的建筑相连。在当时的历史条件下，假设每个从事商业活动的家庭平均拥有 8 名家庭成员，再加上一些住在家里的雇员，那么每个居民占有的居住空间占地面积为 11 平方米。为了计算出住宅部分的占地面积，我们从总体建筑面积里扣除了 40%，这就相当于在一个典型的商人家庭中，我们扣除了接近两个楼层的面积作为办公与储藏之用（如今，这个街区主要用作办公和事业单位）。

下图：1776 年，伦敦拉塞尔广场（Russell Square）附近的布卢姆斯伯里街区（Bloomsbury Block）。正如斯坦·埃勒·拉斯穆森（Steen Eiler Rasmussen）所观察到的，这些联排式住宅的外观被刻意设计为整齐划一的样子，"以适应某一个收入水平的所有家庭"。这个街区的面积为 15900 平方米，其土地覆盖率较低，仅为 43%。我们计算了 60 排住宅。假设每个家庭包含佣人在内共有 8 口人，居住在一栋 4 层的住宅里，那么平均每个居民占有的居住空间占地面积为 19 平方米。起初，布卢姆斯伯里街区还有一些马厩，后来这些马厩都被拆除了，那片空地就建造了一个公共庭院，如今，这个公共空间是由这个街区的几家酒店共享的

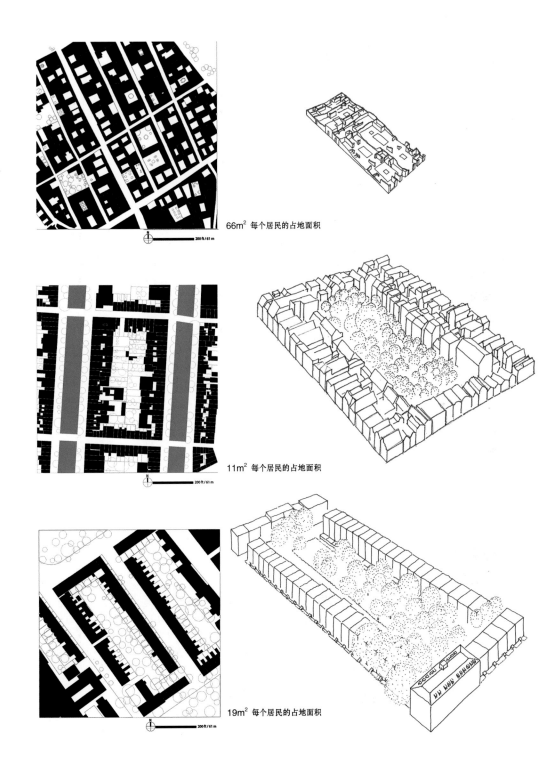

66m² 每个居民的占地面积

11m² 每个居民的占地面积

19m² 每个居民的占地面积

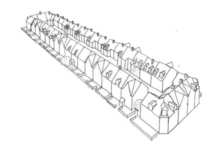

16m^2 每个居民的占地面积

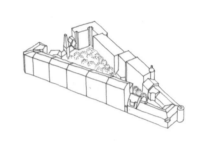

14m^2 每个居民的占地面积

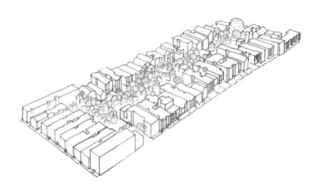

30m^2 每个居民的占地面积

图 1.1.6b

上图：哥本哈根，土豆排（Potato Rows）街区，1873 年至 1889 年。如今，这个社区已经成为哥本哈根市中心区最热门的地方之一。小小的联排式住宅售价很高。颇具讽刺意味的是，旨在为低收入人群提供住房的所谓"合作建房运动"，在这个街区如昙花一现，很快就不了之了。由于房价飙升很快，所以原来的业主们迅速将自己的房产转售出去。这个典型街区的土地覆盖率很低，只有 49%。街区的规模也比较小，为 3961 平方米。我们选择的调研区块包含 40 栋带有阁楼的两层单一家庭联排式住宅。目前，每个家庭以三口人计算，平均每个居民占有的居住空间占地面积为 16 平方米。

中图：海特船（Het Ship）街区。这是一个三角形的地块，其中包含一间学校和一间邮局，现在变成了博物馆。该项目是由米歇尔·德·克勒克（Michel De Klerk）于 1919 年设计的。地产所有权由合作社保留；该街区在 1968 年进行了整修，目前状况良好，已经在一百多年间为很多中等收入的居民提供了住房。这个三角形街区的土地覆盖率为 49%；其中拥有 102 栋公寓，大部分建筑都是 4 层高，总面积为 7311 平方米。扣除学校和邮局的占地面积，住宅建筑用地净面积为 3334 平方米。假设每个家庭有三口人，那么平均每人占有的居住空间占地面积为 14 平方米。

下图：1913 年至 1920 年，旧金山的嬉皮区。地图中心区域的地块净面积为 19572 平方米，土地覆盖率为 55.3%，其中包含 62 栋多家庭联排式集合住宅。根据人口普查数据显示，这里共有 388 个居民。平均每个居民占有的居住空间占地面积为 30 平方米

高，这一点变得尤为重要。尽管这些街区的密度都比较高，但其中的住宅单元却拥有高品质的私密性。位于前西港（Western Harbor）的新马尔默街区（Rose，2005），与图 10.1.6C 中所展示的旧金山两个新街区很相似。在最后的三个案例中，延伸到街区下方的停车平台限制了街区中央高大树木的生长。街区的大小不应该由地下停车场的结构来决定，这听起来有些理想主义，有能力将地面空间开放出来，才能将自然的景观带入街区的内部。正是这样的做法，使很多个人和家庭接受了多家庭集合住宅这种形式，否则，他们是不可能将城市街区视为一种自己能接受的生活方式的。

我们在寻找旧金山近期新插建住宅的案例，想要了解在什么样的条件下，我们可以找到适度高密度的新插建住宅，居住在那里的居民日常生活不需要过多依赖汽车，从而可以减少对停车空间的需求量。我们选择了旧金山的六个新插建项目、奥克兰（Oakland）的一个新插建项目，以及奥克兰北部一个小镇上的项目进行对比。是的，这种汽车使用率较低的城市住宅项目确实是存在的。如果人们只是频繁使用大众运输工具出行，其实并不会降低车辆行驶的里程数。对于有小孩的家庭来说，通过步行就可以方便到达商店、服务机构和小学是非常重要的。如果步行可达，那么汽车就可以停留在车库里。我们咨询了最近才迁入新居的居民，请他们告诉我们，在一周的时间里，他们会有多少次进行下列的七项活动：工作、购物、娱乐、学校、外出就餐、社交，以及偶尔去购买服饰和大件商品。之后，我们又请这些受访者告诉我们，在他们之前居住的地方，每周进行上述活动的次数又是多少。

在一个大众交通服务便捷的地方，居民会极大缩减他们驾车出行的里程数。但

22m² 每个居民的占地面积

8m² 每个居民的占地面积

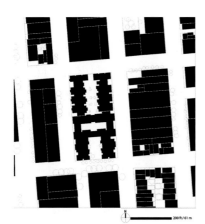
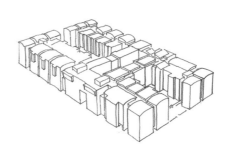

16m² 每个居民的占地面积

图 1.1.6c

上图：西港（West Harbor），马尔默街区，2001 年，城市设计师克拉斯·特姆（Klas Tham）。英国《卫报》（Guardian）上曾经刊登过对该项目的评论。在地图的中央是一个具有典型特征的地块，净面积 1750 平方米（是所有调研地块中规模最小的一个），土地覆盖率为 65.7%。中央呈 U 字形的区块由 11 个小地块组成，其中 10 个地块上建造的都是 2 层高的单一家庭联排式住宅，共 10 套；另外一个地块上建造的是 3 层结构，其中包含 9 套公寓。平均每个居民占有的居住空间占地面积为 22 平方米。

中图：旧金山的猎人角（Hunters View），该项目是由波莱特·塔格特（Paulett Taggart）建筑师事务所在 2008 年设计的。地图中央偏右的地块，净面积为 2052 平方米，土地覆盖率为 70%。该区域就是一个单独的地块，其中建有 60 套公寓。平均每个居民占有的居住空间占地面积为 10 平方米，人均密度是所有调研案例中最高的一个。

下图：马赛卡（Mosaica）街区，2010 年由米森（Mithun）/ 所罗门设计团队的设计师丹尼尔·所罗门设计。地图中央区域的地块净面积为 7405 平方米，土地覆盖率达 80%。这栋 4 层高的建筑中包含 151 套住宅单元，平均每个居民占有的居住空间占地面积为 13 平方米

同时，这个地方也配置了很多便利设施与服务机构，都在步行即可达范围内。每隔 3 到 5 分钟，就会有一趟开往市区的火车经过，居民们上下班的通勤时间只需要 20 分钟，于是居民们彻底改变了开车上下班的习惯。在之前居住的地方，他们开车时间的 67% 是用于通勤的。而且，他们现在去杂货店、娱乐和购物也不再需要开车，通过步行、骑自行车或搭乘公共交通工具就可以到达。只有社交出行和外出就餐的时候才需要使用汽车，而这一类为社交及用餐的驾车出行次数较之前有所增加（Kearnan et al.，2014）。在 2010 年的一个新插建项目中，在一层设置了一间杂货店。此外，附近还设有咖啡厅、餐馆、一家五金商店、书店、公共图书馆、银行、美容店和一所小学，所有这些设施都可以通过步行在 5 分钟之内到达。我们将这个新插建项目的位置同另一个项目进行了比较，后者位于一个可通往旧金山市中心的轻轨站附近，但周围却没有配置上述的生活服务设施。在后一个项目中，居民使用汽车的次数并没有减少。即使是与工作相关的行程，人们还是更愿意选择自己驾车。居民从之前郊外的住所搬到了内城区新的复式住宅，但从通勤距离上看，他们还是需要每天往返于郊外的硅谷工业园区。我们还选择了第三个考察项目，该项目靠近旧金山通往硅谷的火车站，居民们与工作相关的出行方式仍然有不同的选择，在之前的住所，有 35% 的居民选择公交出行，35% 的居民选择自驾车出行；而在新的居住地点，选择公交和自驾车出行的人数都降为了 30%。越来越多的居民开始步行上下班。但是，从居民们的通勤距离来看，还是有很多居民在硅谷上班。在购物出行方面，步行的比例从之前的 50% 上升到了 83%。而在其他的行程中，车辆使用率并没有什么明显的增减。

通过这一轮的调研，我们了解到居民从之前郊外的住所搬到内城区居住，有很

多变量都会影响到他们使用汽车的情况。除此之外，我们还学会了如何向这些搬迁居民咨询一些更为详细的问题。在接下来的一年，我们又在旧金山考察了另外三个新插建的项目。同样，这三个项目也都位于公共交通枢纽站附近。居民们拥有汽车，但并不会每天都驾车出行（Toth et al., 2015）。此外，我们还选择了位于奥克兰捷运站附近和旧金山东北部城市埃尔塞里托（El Cerrito）附近的两个新建项目作为考察对象。研究结果证明，在周边缺乏便利服务设施的地方，例如奥克兰市中心区，汽车的使用率会有所升高；而在郊外地区，居民们到杂货店和其他便利设施的步行距离都很近，汽车的使用率会有所降低。而这两个地方达到公共交通站点都是非常方便的。

有关住户的信息显示，被这些新插建项目所吸引的主要是 25 至 35 岁年龄段的居民，还有一些 65 岁以上的单身退休人员，却几乎没有家庭住户（Amos & Hameed, 2015）。当然，出现这样的情况不仅是因为附近学校的规模较小，还因为缺乏声誉良好的学校。如果没有合适的学校让孩子们就读，再怎么宣传多居室公寓的好处也是徒劳。所以在这些项目中，占主导地位的仍然是单人小公寓和一居室套房，后者的租金为每月 2500 美金。但在奥克兰，两居室和三居室套房的月租金约为 2900 美金（2015）；在埃尔塞里托，同样的价钱可以租到两居室的公寓。相较于家庭承租来说，多位互无关联的成年人一起分租一套多居室公寓的情况更为常见。在旧金山，新插建项目的住宅单元面积相差无几，但租金或是购置成本却要高得多：2015 年，一居室公寓的月租金就高达 3400 至 3700 美元。

通过这些调研，我们逐渐产生了这样的期望：如果新插建项目的位置既靠近公共交通枢纽，同时又靠近便利服务设施，那么就很有可能会减少居民们日常生活中对汽车的使用。未来，随着汽车的使用率越来越低，可能会出现越来越多的拼车服务，而市政府规划的停车比例也会相应降低。从前，城市街区的中心只能用来建造车库，未来如果能将这部分空间解放出来，为居民们提供私人的或共享的开放空间，那么也会吸引更多的家庭。通过对居民们的采访，我们了解到拼车服务具有很大的便利性。年轻的职场人士认为，搭乘出租车或叫车服务是他们进行生活日用品采购的最佳选择。那么未来，这些年轻的职场人士一旦组建了家庭，他们能不能适应城市的生活方式呢？除非在学校和服务设施建设上能够注入更多的公共投资，否则对这个问题的争论将会始终存在。

减少停车空间的比例、鼓励多居室住宅、建立并维持一种监管框架，支持均衡的土地覆盖率和密度，以及加大对市中心社区学校的投资，所有这些倡议的实施，市场力量的推动只是其中的一部分原因。它们终究还是政府公共部门的职责。

注释

1　在鲁里克号 1816 年造访旧金山湾之前，在非西班牙船只中，乔治·温哥华号（George Vancouver）在 1972 年造访过湾区；俄罗斯探险船朱诺号（Juno）1806 年造访过湾区。

2　美国与墨西哥的战争在 1848 年结束，并正式签署了瓜达卢佩－伊达尔戈条约（Treaty of Guadalupe Hidalgo）。

3　瓦拉（vara）是拿破仑时代之前西班牙所使用的长度计量单位。100 瓦拉相当于 84 米。

4　佛罗伦萨·利普斯基（Florence Lipsky）汇总了关于网格系统和地形的各种讨论。

5　布罗代尔（Braudel）将成果归功于德国经济学家和统计学家恩斯特·卫格曼（Ernst Wagemann）（1952 年）。

6　可参阅《设计与气候》（Design with Climate）（Olgyay & Olgyay，1963）。

7　国际现代建筑协会（Congrès internationaux d'architecture moderne，简称 CIAM）成立于 1928 年，该组织的活动大多与现代建筑运动有关，代表了当时欧洲很多著名建筑师的理念。

8　鲍勃·阿莱斯（Bob Allies）与保罗·伊顿（Paul Eaton）合作撰写了一篇论文，题为"密度及其优势：何为我们的住宅足迹？"（Density and its virtues: what is our residential footprint?）（Allies & Haigh，2014，p.138—139）并在文中定义了住宅占地面积（足迹）的计算方法，$f = (a-b)c : 100d$，其中 a= 总用地面积；b = 公共用地面积；c = 住宅用地面积的百分比；d = 居住人数。

参考文献

Allies, B. & Haigh, D., 2014. *The Fabric of Place*. London: Artifice Books on Architecture.

Amos, D. & Hameed, Y., 2015. *Urban Infill & VMT [Unpublished student research report]*, Berkeley: Department of City and Regional Planning, University of California, Berkeley.

Bauer, C., 1934. *Modern Housing*. Boston: Harvard University Press.

Braudel, F., 1992. *The Structures of Everyday Life: The Limits of the Possible*. Berkeley: University of California Press.

Chen, L., Collazos, A. D., Recarte, C. & Kaprielian, G., 2012. *Investigating Solar Comfort in San Francisco Perimeter Blocks [Unpublished report]*, Berkeley: College of Environmental Design, UC Berkeley.

Crouch, D., Garr, D. & Mundigo, A., 1982. *City Planning Ordinances of the Law of the Indies in Spanish City Planning in North America*. Cambridge, MA: MIT Press.

Elliott, T., Stoelzle, A. & Toocheck, C., 2012. *The Qualitative Effects of Perimeter Block Configurations [unpublished report]*, Berkeley: Department of City and Regional Planning, UC Berkeley.

Jin, H.-Y. et al., 2013. *Perception of Density in Haight-Ashbury Perimeter Blocks [unpublished report]*, Berkeley: College of Environmental Design, UC Berkeley.

Kearnan, J., Cooke, D., Fue, Y. & Cao, W., 2014. *Urban Infill, The VMT Success and Failure of California Senate Bill 375 [Unpublished student report]*, s.l.: UC Berkeley.

Knowles, R. L., 1981. *Sun, Rhythm and Form*. Cambridge, MA: MIT Press.

Komossa, S. et al., 2005. The Scale of the Urban Block. In: *Atlas of the Dutch Urban Block*. Bussum: Thoth Publishers, pp. 11–14.

Lipsky, F., 1999. *San Francisco, la grille sur les collines / the grid meets the hill (English and French edition)*. Marseille: Editions Parenthèses.

Moudon, A. V., 1989. *Built for Change, Neighborhood Architecture in San Francisco*. Cambridge, MA: MIT Press.

Olgyay, V. & Olgyay, A., 1963. *Design with Climate: Bioclimatic Approach to Architectural Regionalism*. Princeton: Princeton University Press.

Ørum-Nielsen, J., 1996. *Dwelling: At Home – In Community – on Earth: The Significance of Tradition in Contemporary Housing*. Copenhagen: Danish Architectural Press.

Panerai, P., Castex, J., Depaule, J. C. & Samuels, I., 2004. *Urban Forms, The Death and Life of the Urban Block*. Oxford: Elsevier Architectural Press.

Rapoport, A., 1975. Towards a Redefinition of Density. *Environment and Behavior, 7(2)*, pp. 133–158.

Rasmussen, S., 1974. *London: the Unique City*. Cambridge, MA: MIT Press.

Rose, S., 2005. *Ecological City of Tomorrow 8-29-05*. London: *Guardian*.

Scott, M., 1985. *The San Francisco Bay Area, A Metropolis in Perspective*. Berkeley: University of California Press.

Sherwood, R., 2002. *Housing Prototypes.Org*. [Online] Available at: http://housingprototypes.org/project?File_No=NETH002 [Accessed 20 September 2014].

Toth, A., Alharbali, S. & Wang, Y., 2015. *Urban Infill Development and the Effect on VMT in San Francisco [Unpublished Student Report]*, Berkeley: Department of City and Regional Planning, UC Berkeley.

Viganò, P., 2016. *Territories of Urbanism: The Project as Knowledge Producer*. New York: EPFL Press/Routledge.

Wagemann, E., 1952. *Economia Mundial*. Santiago: Editorial Juridica de Chile.

第 2 章

湾区的都市群景观：分散的都市群

我们所关注的课题是未来对城市形态的设计，旨在应对引起气候变化的成因以及气候变化所导致的结果。本书所涉及的三个三角洲地区分别散布在全球三个不同的地方。一个地区的海洋潮汐、河流三角洲和河口的关系可能会存在明显的相似性，而这种跨越全球范围的比较就超越了这种相似性。诚然，水体存在着各种各样的形式，而它们极其复杂的变化对于未来城市形态的设计会产生相当重要的影响。考虑到水体的重要性，这三个地区的设计师们都必须要考虑到一个问题，那就是可建造用地的消耗。如果从表面上看，土地的供给是无穷无尽的，那么这种论点听起来不过是陈词滥调。为了证明土地消耗问题并不是一件微不足道的小事，我们在本书的第 3 部分对荷兰的兰斯塔德（Randstad）地区进行了分析。在这个地方，人们长期在原本需要进行水土保护的土地上进行建造活动，这段历史提醒我们，如何利用低洼土地，其重要性不仅仅存在于历史，也存在于现在和未来。

在本书的第 2 部分，我们相信在 1979 年，珠江三角洲地区的土地供给似乎是无穷无尽的，根据当时的经济发展政策，在该地区实施开放的政策，吸引国外投资，由此引发了分散式的城市化进程，其扩散的程度是令人震惊的。在历史上，工作场所大多都是集中分布的，而桥梁与高速公路的兴建使人们得以迁居到远离这些工作场所的地方居住，于是，分散式的城市化模式开始在旧金山湾区（San Francisco Bay Area）盛行。这一进程从 20 世纪 30 年代开始，一直延续到 70 年代。20 世纪 80 年代中期，随着原来市中心的工作场所大量迁移到郊区的办公园区，这种看似毫不设限的土地消耗模式迅猛发展。由于大规模区域的结构会对气候变化造成一定的影响，所以我们必须要记住这些结构是如何形成的，这是非常重要的。

1984 年，加利福尼亚规模最大的公司雪佛龙（Chevron），由原来位于旧金山市中心的两栋 40 层办公大楼，迁到了旧金山湾区郊外的一个低层办公园区。这样的迁移并不仅限于雪佛龙这一家公司；美国最大的电信公司和一家外国汽车制造商的区域总部，也都迁移到了郊外的办公园区。这些公司并非潮流的引领者，郊外的办公园区其实拥有更悠久的历史（Mozingo，2011）。而且，这种企业的大量迁移并不仅限于北加州的郊区，在北美很多大都市地区都在发生着类似的迁移。企业从原来的市中心区迁移到郊外，其中的原因与20世纪80年代公司办公业务的自动化发展有一定的关联。由于自动化的发展，数据处理工作可以转移到房地产价格比较低廉的地区进行；公司不再需要像从前一样坐落在民众方便到达的繁华地段；需要办理业务的民众也不必再亲自来到公司，需要分析与储存的信息可以通过电子文件的方式来传递。至于公司具体要迁移到哪里，这是由公司董事会和高级管理层共同决定的，这些管理人员的家大多安置在半乡村的环境中，他们把自己的孩子送到郊外声誉良好的学校读书，因此他们也更愿意将公司迁移到居住地的附近（Fishman，1987）。

图 1.2.1

旧金山密集的高层办公大楼 [摄影：朱迪思·斯蒂根鲍尔（Judith Stilgenbauer）]

图 1.2.2

圣拉蒙毕夏普牧场（San Ramon Bishop Ranch）办公园区 [图片来源：微软必应（Microsoft BING）数据库]。地图显示了毕夏普牧场位于博灵杰峡谷路（Bollinger Canyon Road）的中心，680 号州际公路以东。在地图的左下角可以看到雪佛龙公司，AT&T 公司位于地图的西北角，还有一个空置的地块被规划为未来的圣拉蒙的市中心。沿对角线方向贯穿框架中心的是"铁道路"（Iron Horse Trail），该段铁路已经在 1977 年被废弃了

雪佛龙公司的 4500 名员工不得不接受管理层的决定。他们无法再像以前一样搭乘区域交通工具去上班了，在旧金山市中心区，类似于地铁这样的区域交通工具都是与高层办公大楼直接相连的。在新的办公地点——圣拉蒙（San Ramon），这个曾经的小乡村社区，广大上班族们在以后的日子里别无选择，他们只能自驾车上班，并把车停放在办公园区巨大的停车场里。在这个园区中，雪佛龙和其他一些公司所在的位置从前是一片牧场。土地的所有者通知该县政府，他们正在按照一定的程序，申请将这一区域合并为一个独立的自治区，并且要将更多的农业用地转化为住宅用地，兴建单一家庭住宅。有人呼吁，这里需要更多的土地为新的工作人口提供住宅。

我们在这里所描述的发展进程，并不仅仅发生于旧金山这一个区域。旧金山、圣何塞（San Jose）和奥克兰这几个历史上为数不多的就业中心都在向外辐射，再加

上几个规模相对较小的就业中心，就形成了一种多中心的大都市圈，其中这样的中心有 15 个之多。

安东尼·唐斯（Anthony Downs）曾经就北美主要的大都市圈愿景提出过批判性的意见。[1] 在他的分析中，唐斯并没有使用"不可持续"（unsustainable）这个词来描述当前北美大都市区的前景。在 20 世纪 80 年代，这个术语还没有被普遍运用到土地使用决策问题上。在我们目前的评估中，他也没有指出由于能源使用效率低下或碳排放过高，导致高层办公大楼向低层办公园区迁移这样的做法是不可持续的。但是，在他对北美分散式区域布局主要缺陷的批评中，却包含了上述这两个因素。

唐斯认为，这样分散式区域布局的第一个主要缺陷，是造成民众通勤距离过长；第二，没有为更大范围收入水平的人们提供住房，其中就包括那些低收入的工人，而这些人对于各行各业来说都是至关重要的；第三，对于如何公平地为基础设施建设提供经费，并没有达成一致的意见；还有第四点，在社会整体福利和区域性小部分社会福利之间存在着不可避免的冲突，然而却没有一种机制可以解决这种冲突。

为了弥补分散式大都市存在的缺陷，补救措施必须要求保证一定程度的高密度，特别是住宅的部分。工作场所也需要提升密度，并且要对土地开发进行更好的整合，鼓励人们居住在距离工作场所比较近的地方。在唐斯的新愿景中保留了地方的权利，但是要将其限制在一个框架内，迫使地方政府承担责任，满足地区的需求。而且，在他的愿景中还提出了激励机制，鼓励个人以及他们的家庭更切实地思考自己行为的选择，会对公共成本造成什么样的影响。

在唐斯的论述中，并没有将需要考虑公共成本的主体扩大至企业，但事实上，这样的扩大思考是有必要的。很显然，相较于郊区的低层办公园区，旧金山市中心的高层办公大楼就业中心更具有持续发展的可能性。当然，这种观点的正确性取决于要将所有的成本都纳入考量，包含为支持多中心的区域配置而需要投入的高速公路基础设施建设成本，为低收入工人阶层兴建住房的成本，私家车的能源消耗成本，以及与碳排放量增加相关的成本。但是，在像雪佛龙这样的公司的资产负债表上，上述这些公共成本却并没有被纳入进来。事实证明，在过去的三十年间，将办公地点由原来的高楼大厦迁移到低层办公园区，从这些公司的财务状况角度来说，可持续发展的程度是相当高的。

20 世纪 80 年代在雪佛龙公司担任高级管理职务的人员现在都已经退休了。我们能够思考的问题，只是新的高级管理层将会如何决定公司未来的定位。举例来说，如果雪佛龙公司决定搬迁，那么位于圣拉蒙园的办公园区就将要面临出售。我并不是说雪佛龙公司应该，或是将会作出这样的搬迁决定，但该公司的案例表明，他们所进行的工作并非一定要与特定的工作地点捆绑在一起。

这个案例还说明，雪佛龙公司所发生的情况并非是北美地区所独有的。现代社

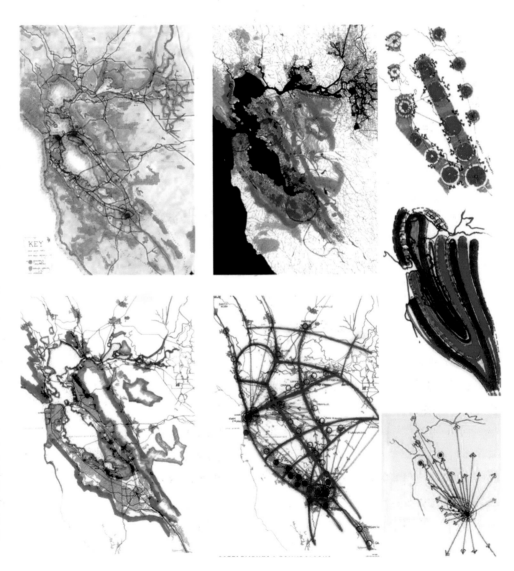

图 1.2.3

多中心区块的示意图。绿化带、集中布局的工作场所、对扩张的控制，以及主要的连接，决定了该地区的结构 [图纸由阿施施·卡罗德（Ashish Karode）绘制，左上图由斯蒂芬·佩列格里尼（Stefan Pellegrini）绘制]

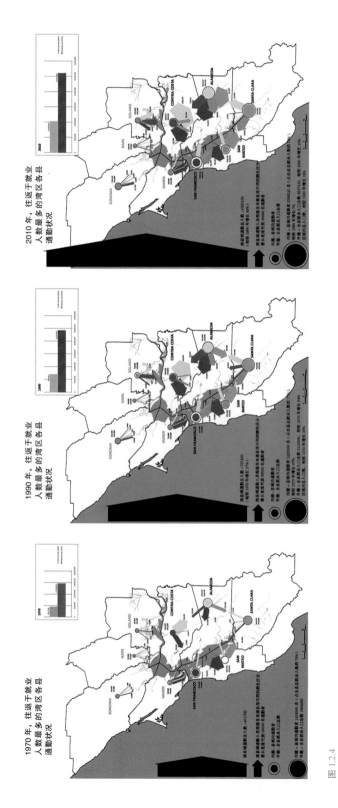

图 1.2.4

1970 年、1990 年和 2010 年旧金山湾区各县之间的通勤模式。20 世纪 80 年代初，很多公司纷纷离开市中心区，迁移到郊外的办公园区，这样的迁移加剧了人们日常通勤模式的转变。

这些图显示了旧金山湾区九个县主要就业中心之间通勤模式的强度 [图由作者绘制，约翰·多伊尔（John Doyle）协助]

会在交通基础设施建设以及私人通信领域的投入如此之大，已经使城市区域在各个层面都发生了深刻的改变（Ascher，1995）。

整体而言，旧金山湾区的土地利用强度是非常低的。城市化的扩展似乎不存在空间上的限制，也没有考虑到不同地区之间的差异。然而，紧凑型城市形态的例子还是存在的，主要出现在一些历史悠久的地方。在旧金山的市中心区，或是海湾地区很多规模较小的城市中，紧凑型的城市布局为居住在那里的人提供了一种特有的生活方式，使他们可以减少对于汽车的依赖。这些地方的房价一直上涨，但需求量却仍然很大。居住在旧金山的人口，比西海岸其他任何主要城市的人口都要多，其中超过半数以上的居民上班通勤方式都不依赖于私家车，而是采用搭乘公交车、步行、骑自行车或是拼车等方式（旧金山市政交通局，2015）。因此，对紧凑型城市形态进行仔细的观察是非常重要的，因为这种布局模式依然是存在的。这就是里德·尤因（Reid Ewing）和罗伯特·塞维罗（Robert Cervero）在对比了五十个关于通过改变聚落形式来缓解远距离出行需求的可行性实证研究后所得出的结论。

很显然，紧凑型的城市形态节省了对不可再生能源的消耗，从而在一定程度上控制了引起气候变化的原因。我们要思考的是，在分散式城市结构盛行的今天，该如何实现更紧凑的城市形态呢？

通过立法，加利福尼亚州已经成了先行者，将改善空气品质的重要性与城市化发展紧密联系在一起。该州不仅仅是这股潮流的引领者，他们还通过立法建立了相较于其他各州更为严格的汽车排放标准（例如 2011 年加利福尼亚州《第 375 号参议院法案》），鼓励在公共交通枢纽附近进行适度的高密度开发，并建立鼓励机制减少车辆出行，关于这些措施，我们在前面的章节中已经进行了讨论（Barbour & Deakin，2012）。但是，作为一种鼓励机制，参议院法案却并没有足够的力量来真正实现更好的整合利用，适度提高密度，减少人们对于汽车的依赖。土地开发利用的大权仍然掌握在市政一级管理部门的手中。

美国社会存在的几乎所有问题，无论是真实的、想象的，还是社会心理上的问题，都根源于身体上的隔离与孤立，不管是由于种族、疾病、非法行为，抑或是不愿意与低收入人群接触，归其根源，都是源自空间上的隔离。

格肯斯（L. C. Gerckens，1994，p.10）

生活在都市的边缘

第一次接触位于圣拉蒙毕夏普牧场的雪佛龙办公园区，以及出现在多尔蒂谷（Dougherty Valley）的住宅社区，可以追溯到 2000 年的秋天。当时，因为我想亲眼看一看大都市的边缘是什么样子的，于是我参观了旧金山湾区东部的边缘地带。我绘制过全球五十个大都市区的地图，曾经以为，除非有水体的存在或是地势的突然升高限制了城市化的发展，否则是不会存在清晰的城市分界线的，相反，都市区的边缘应该是一个区域带，在这里，都市的环境条件会逐渐转变为非都市的环境条件，无论这两种环境条件的明确定义是什么（Bosselmann，2008，p.11）。但事实上我想错了。在这里，旧金山湾区城市化的边缘被大型土方工程设备划分出一条明确的界限，而且这条界限是近期才被划分出来的。我带领一些游客来到多尔蒂谷，这些游客大多都是外国人，他们被这里的景观深深地吸引了——牛群在山坡上悠然吃草，而在同一座山的山脚下，大型推土机正在进行开挖作业。人们利用这些大型机具创造出水平的垫层平台，将来会在那里兴建社区。在后续的参观中，我又看到了用来对新建道路进行分级铺设的机具。这些设备的操作员们都配备了全球定位系统，可以操控这些机具放样出路缘线和尽端道路。我为这些工作测算了时间；操作员花了 15 分钟时间，在空无一物的土地上画出了一条尽端道路的轮廓。没过多久，其他一些施工人员来到现场，浇筑起混凝土的路缘。我亲眼目睹了工业化生产的过程，最终，这里会迁入 36000 名新居民，11000 个家庭。

对于像多尔蒂谷这样规模的大工程而言，需要用到一系列的土方工程设备。在 11 月雨季将要到来之前，由于显而易见的原因，这些大型机具需要被搬移到其他地方。这些机具被装载到大货车上，穿越州际高速公路系统，车道的最低标准宽度为 12 英尺或 3.6 米（联邦高速公路管理局，2014）。车道的宽度决定了货车车厢的宽度，以及土方工程机具的宽度，因此，高速公路车道的宽度也就成为了区域地块内区域道路尺度设计的决定性因素。一般街道更为合理的车道宽度可以缩窄至 10 英尺，甚至还可以缩减到 9 英尺（2.7 米）。单就一条车道来说，这 3 英尺的差异看起来并不明显，但是在一个大范围的区块中存在着很多条这样的道路，每条道路相差 3 英尺，那么累加起来的差异就相当显著了。

有趣的是，主干道都是最早铺设完毕的，甚至在住宅建造之前就已经完成了。

图 1.2.5

在城市的边缘进行土地开发的一般做法是：利用大型土方工程设备铲除所有植被；在地面施做水平基层；修建尽端路；修建道路；兴建单一家庭住宅的框架；土方工程机具闲置下来；将土方工程机具搬到货运车上；将机具运离施工现场；最后，社区建成

第 2 章　湾区的都市群景观：分散的都市群

这些道路表面铺设了沥青和混凝土。甚至还种植了行道树，沿路还设有自行车道。房屋出售的标牌在住宅兴建之前就已经挂起来了。卖房子和修路是同时进行的。在住宅建筑施工期间，开发商鼓励未来的居民驾车在新的主干道上行驶体验，参观新兴的社区环境。参观者所看到的，是宽阔的道路和宏伟壮阔的景观，甚至在住宅楼开始兴建之前，就已经可以看到隔声墙了。一位打算搬到多尔蒂谷定居的居民，在这样营造出的景观下，似乎看到了一幅自己驾车回家、在午后的阳光下眺望着金色山丘的景象。参观者所看到的是一幅奢华的景象，它是如此的广阔与远离尘嚣，然而这样的景象多少有些不真实，特别是当参观者注意到新建的道路与记忆中广阔的牧场之间的对比时。

让未来的居民看到林荫大道的最终设计效果，这也属于风险管理的一部分。如此大规模的开发项目必须要分阶段进行。每一个开发阶段，都必须要吸引到足够数量的有意愿的买家，如此才能证明下一阶段开发的道路与服务设施的资本布局是合理的。

多尔蒂谷主干道的通行范围是有限的，这些主干道并不能直接连通到住宅区，甚至连那些位于主干道附近的住宅也不能直接连通。这一观察值得我们仔细思考。当前的土地开发需要这样一种街道类型，它便于流动，并且可以阻止车辆直接进入沿街道布置的住宅社区。为了实现更高的流动性，交叉路口可以存在，但其间距不得低于四分之一英里。参观者要想进入住宅区，他们可以在交叉路口的地方转到临近的车道，之后再通过这些道路转到住宅社区之间的私人车道或公共车道。

上述的这两种道路，无论是附近的一般道路还是设置通行限制的主干道，都非常宽，甚至很容易让人感觉过于宽了。多尔蒂谷的主干道，名为博灵杰峡谷路（Bollinger Canyon Road），其宽度为 250 英尺或 86 米，比巴黎的香榭丽舍大道（Champs Élysées）还要宽 3 米（Jacobs，1993），是旧金山主要道路市场街（Market Street）的两倍。

我最初几次来到这里参观的时候，这里已经建成的住宅只有区区几栋，然而却配置了如此规模的道路空间，这种做法实在令人难以理解。为什么有必要设置两条平行的左转车道呢？为什么一般道路的车道要与高速公路的车道一样宽呢？为什么要设置这么宽的中央分隔带？显然，专业人士预先测算过道路的承载能力，并计算出了在高峰时段汽车交通确实需要这么大的空间。可以看出，审批管理部门从来没有对这些测算结果提出过质疑。这样宽阔的道路对于居民的日常生活有着直接的影

响。根据一项调查，居民表示，即使是短途出行，比如说带着孩子去拜访住在附近的朋友，他们也会选择开车。居民普遍认为步行出行是不方便的；即使是一个步行速度很快的行人，他也没有办法在一个绿灯的时段内穿过 250 英尺宽的博灵杰峡谷路。一个人要出门买一箱牛奶，我们可以预见他的行程——把车开上一小段路，然后再辗转绕行到市场；而如果在住宅区和市场之间存在直接的联系，那么他采用步行或骑自行车的方式就能很轻松地到达市场。无论增加的车道宽度在细节处理上有多好，这些宽度累加在一起，都会加大居住地和工作地之间的距离，从而增加居民上班的通勤距离。

住宅之间的空地看起来也相当宽敞，但事实上，这样的感觉仅限于站在建筑前门到前门之间的街道上观察才是正确的。无论哪一种收入阶层，他们的住宅正立面到另一栋住宅正立面之间的距离为 84 英尺至 90 英尺，有些甚至达到了 116 英尺。[2] 而在其他方向，住宅之间的间距就要紧密得多了：两栋住宅背立面之间的间距为 42 英尺，平均每一户家庭拥有的后院纵深为 21 英尺，而住宅侧立面之间的间距往往还不足 12 英尺。大多数住宅都靠得很近，以至于人们根本无法看到山坡上的美景。

这些住宅依照面积大小划分为不同的组团。于是，住户们也就依照其房屋贷款的状况被划分为不同的阶层。同样，依照房价来将不同等级的住宅区分开也是出于风险管理的目的。未来的房主会认为，如果他所购买的大房子位于一个周围都是这样类似大房子的街区，那么他的房产就比较会保值。面积最大的住宅都是建在基地最高的地方。可即便是面积相当大的住宅（4500 平方英尺），也都被安置在一个相对较小的地块上。比较低处的住宅面积约为 3000 平方英尺，它们所处的地块就更小了。2010 年，这些住宅的售价将近 100 万美元（Windemere，2010）。[3] 在更低一些的地方，规划的是面积为 2500 平方英尺的 4 层住宅、共用车道和人行道。同样面积的住宅也有的盖到 6 层，接下来就是 2000 平方英尺的多单元住宅，它们采用联排式布局，共用建筑后面的停车场。最后一个组团，是 3 层的多家庭住宅，如此就完成了所有住宅建造的阵列；这些住宅楼就布置在停车场，其中一层空间专门用来停放汽车。因此，整个住宅阵列共包含六种基本的单元类型，它们在风格上也有一些细微的变化。

多尔蒂谷的布局方式很符合最新的社区总体规划思路。勒内·戴维斯（Rene Davids）在他关于这种新的郊区大都市特性的论文中，评论多尔蒂谷的布局方式是"平常的"。在这个开发项目的设计中，融合了一些新古典的主题，例如在阳台与门廊上都设有柱式。我们针对这样的设计采访了一些居民，他们都表示自己以前从未使用过柱式结构，也没有见到他们的邻居使用过这样的结构。

早期，人们除了会对开发项目的设计特征进行评论，还会关注到选址适宜性的问题（Farooq，2005）。在一个既没有地下水也没有天然泉水的山谷批准进行开发建设，这样的做法在加利福尼亚州并不新鲜。多尔蒂谷的山丘上覆盖着一层厚厚的黏土，而这个黏土层就构成了阻挡雨水渗透的屏障。该地区的年降水量很低，只有不足 20

英寸，地表的雨水很快就会消失。由于当地土壤没有储存雨水的能力，也没有地下水可供开采，因此多尔蒂谷只能出资购买用水权。在南加州的克恩县（Kern County）发现了可供出售的水权。在这里，伯伦达·梅萨（Berrenda Mesa）水区有权使用加利福尼亚北部费瑟河（Feather River）的水源。由于克恩县地区的土壤条件非常恶劣，当地农民无法使用他们分配到的用水额度进行农业灌溉，因此决定将自己的水权向外出售。根据一项涉及利弗莫尔市（Livermore）在内的三方协议，原来分配给克恩县的一部分水源现在直接开渠引流至多尔蒂谷，而不必再流经南加州。在这份协议中涉及利弗莫尔市是有必要的，因为该市拥有州供水系统的成员资格，并且享有使用费瑟河水源的特权。而圣拉蒙市成立的时间过短，无法从这样的成员资格中受益；这是一种很复杂的操作，但在加利福尼亚州却也并不少见。

大型工业化开发综合体的力量

关于用水方面的政治问题并不是地方规划人员反对多尔蒂谷项目的唯一原因。从地方的角度来看，规划人员对将旧金山湾区原来集中的就业场所分散开这种做法是否明智提出了质疑。虽然在 20 世纪 80 年代，该地区开放空间的倡导者们已经针对造成就业场所和人口分散这种趋势进行过热烈的讨论（Greenbelt Alliance，1988），但相关政策还是逐渐发生了巨大的改变；公平地说，关于区域分散会引发何种后果的讨论，对当时的区域政策并没有产生什么影响。为了应对 20 世纪 80 年代工作场所日趋分散的变化，旧金山市于 1985 年审批了一项规划，要在市中心区保留出 1100 万平方英尺的空间作办公用途。[4] 2000 年之前，在所有新建的办公建筑中，只有大约 10% 的项目会选址在旧金山市中心的高层办公区，而同一时期，在从前的毕夏普牧场，却有高达 900 万平方英尺的新建办公空间投入使用。

25 年后，有关城市分散布局会造成何种后果的讨论逐渐集中在能源消耗和温室气体排放议题上，这时政策出现了变化，因为气候科学家们关于汽车尾气排放及其对"温室效应"形成的论述，已经从之前富有争议的理论转变为了可以验证的事实（Weart，2017）。直到 2013 年 7 月 18 日，旧金山湾区规划案正式通过之后，大都会交通运输委员会（Metropolitan Transportation Commission）才开始尝试实施区域性的政策框架。

加利福尼亚州是温室气体排放最多的地方。与其他地区一样，在温室气体排放总量当中，有 42% 左右是由于客车与小型卡车燃烧化石燃料而产生的。1990 年，加利福尼亚州推出一份排放底线的清单，进而通过了第 AB 32 号州议会法案，这项州法案的目的就是要在 2020 年前，确实达成温室气体减排的目标。[5] 在随后的几年里，民众辩论的焦点就一直都集中在如何实现这些目标的方法上。州法案，即《第 375 号参议院法案》，提供了必要的削减机制，它要求每个地区都要成立大都会交通运输局（Metropolitan Transit Authorities）[6]，并在他们各自管辖的区域内实施可持续性的区域交通计划，更好地"调整交通与住房的关系"，而这就意味着要缩减居住地、工作场所和服务设施之前的距离，改变居民们从前长途驾车出行的习惯。[7]

在多尔蒂谷的一个社区，房价略低于 100 万美元大关，居民平均通勤距离为 22.9 英里。这个通勤距离远远超过了 3 英里（约合 1.6 公里）就可以到达的毕夏普牧场就业中心，也远远超过了 8 至 15 英里范围内的三个就业中心，其中还包含区域快速交通系统的几个站点（8 英里）。只有三分之一的受访居民通勤距离相对较近，为 2 英里至 15 英里；另外三分之一的远程通勤者说，他们开车可以在 40 分钟内到达旧金山，可以在 45 分钟内到达硅谷（我认为这样的估计太过乐观了。从圣拉蒙开车到旧金山，足足花了我一个多小时）；剩下的三分之一居民，他们的目的地在湾区东部，通勤距离为 20 英里至 30 英里。我们将这个社区居民的通勤模式与另一个房价远超过 100 万美元的社区（该社区的居民收入是第二高的）作对比，发现了一个很有趣的结果。后一个社区居民的通勤距离普遍较短，平均只有 17.5 英里。其中有一半居民在三个距离住家最近的就业中心（其中还包含最近的快速交通站点）工作，通勤距离不足 15 英里；另一半居民的通勤距离为 18 英里至 25 英里（Farrington & Ward，2009）。[8]

不可否认，我所列举的只是一个很小的样本，但是通过那些接受访问的居民，我验证了唐斯的观察，即美国房主目前在选择居住地的时候，并不一定会考虑要靠近自己的工作场所，他们选择的依据或许已经不是通勤距离的远近，而是是否能够买得起。不过，回想起来，当这些居民被问到他们理想的居住地时，那些居住在房价低于 100 万美元的住户们更愿意选择旧金山和硅谷等工作场所集中的区域。而在 100 万美元以上独立式住宅的住户调查中，我却没有听到类似的回答。在这里，大多数人认为自己已经"找到了理想的家园"。

将交通与住房的模式同控制引起全球暖化的原因更好地结合在一起，这将是湾区分散式布局地区所面临的一个重大挑战。在接下来的章节中，我们将会利用一些图示来说明，在一个社区中引入《第 375 号参议院法案》的相关操作并不是完全正确的。这项法案，是美国第一部该类法案，被誉为美国此类法律的蓝本。在这项法案的相关规定中，既没有规范土地的使用情况，也没有削弱市县在其管辖范围内赋予业主权利的权力。相反，州法案还保留有商议的空间：地方政府在获得许可之前，会被要求进行交通需求量预测。假如地方政府无法举证自己可以做到有效减少车辆运行里程数及温室气体的排放量，那么该项法案还可提供应变计划。换句话说，假如地方政府能够证实自己将住房和交通问题更好地结合在了一起，那么州法案就会以简化环境审查的形式提供奖励（Darakjian，2009）。

试样地段是一种工具，可以在局部调整之前实现对整体的理解

城市设计仍然算是一个相对较新的领域。利用图示来了解所处的位置及其周围的环境，这种方法起源于建筑和工程专业。这些方法所描述的环境状态是静态的，

图 1.2.7

这张图片名为《一幅大自然的图画》（Naturgemälde），它是根据亚历山大·冯·洪堡（Alexander von Humboldt，德国地理学家）和艾梅·邦普朗（A. G. Bonpland）在 1799 年至 1803 年，在北纬 10° 和南纬 10° 之间观察和测绘到的景象绘制的。最初，这幅画是作为 1807 年在巴黎和德国蒂宾根大学同时出版的《植物地理学论文集》（Essay on the Geography of Plants）的附件而创作的 [图片来源：加利福尼亚大学伯克利分校班克罗夫特（Bancroft）图书馆]

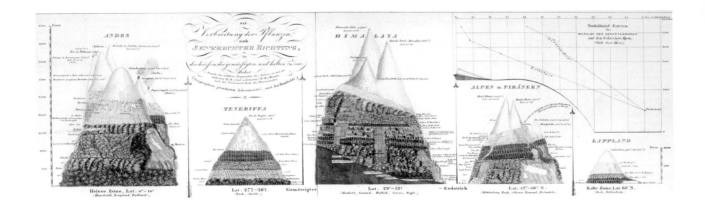

图 1.2.8

图示以试样地段图的形式展示了安第斯山脉（Andes）、特内里费山脉（Tenerife）、喜马拉雅山脉（Himalaya）和阿尔卑斯（Alps）/比利牛斯山脉（Pyrenees）的植物地理学状况。该图名为《依垂直高度和气候带形成的植物分布状况》。名贵植物科群统计由亚历山大·冯·洪堡完成 [图片来源：伯格豪斯（Berghaus），2004 年]

无论是在时间上还是地点上都是固定的；而用这种方法所表现的建筑物也同样是静止不变的。而我们对于一个区域的设计，需要更加富有动态的表现形式。在这个问题上，设计专业可以向地理信息科学领域学习，如何对地理形态进行更加动态的描述。一种单一的方法并不一定能改变整个领域的知识库，但却产生了一种重要的经验，那就是发现了动态的过程是如何揭示众多因素之间的关联性的。与一栋建筑或一条道路这样的单一结构相比，一个大都市景观中的结构是由一系列的因果关系相互作用、塑造而成的。

在自然科学领域，用来记录物质之间相互关联性的方法一般都认为是由德国地理学家亚历山大·冯·洪堡（Alexander von Humboldt，1769—1859 年）创立的。他曾在 1802 年与艾梅·邦普朗（Aime Bonpland）一起，对委内瑞拉（Venezuelan）安第斯山脉峭壁上的植被进行过详细的调研。本书的写作之所以与洪堡有关，有以下两个原因：首先，他是首位提出人类活动引起气候变化危险这项论述的科学家；其次，他开创了由土地分类制图向动态描述的转变。

在美洲之旅的过程中，洪堡在特内里费岛（Tenerife）停下了脚步，并登上了皮克德泰德火山（Pic de Tide Volcano）（Berghaus，2004）。尽管那个地方夜间气温非常低，但地处高海拔地区的植被种类丰富多样，植被覆盖面积也非常广泛，这一切都让洪堡感到相当惊讶。他知道，在欧洲类似海拔高度的地区，只能发现一些十分稀疏的植被。在攀登委内瑞拉的安第斯山脉的时候，洪堡每天都会对海拔高度和相对应的气候条件进行两次测量，此外还会对树木和其他主要植物群落进行调研。这次登山的旅程就好像从赤道穿越到了两极；它揭示了植物世界内部的相互关联性，从热带的棕榈树到万年雪线附近的地衣，层层叠叠地交织在一起。

洪堡尝试用图示的方法来表现他观察与测量的结果。回到巴黎之后，他与一位艺术家合作，将他的研究结果出版成册，名为《自然》(Naturgemälde)。这是一个德语单词，我没有办法对它进行很恰当的翻译：大概指的是一件艺术品，一幅描绘自然的画作，它向读者展示了自然界中没有任何一个事物是可以孤立发展的，所有的事物都是一个整体，它们相互关联、相互作用。

洪堡的调研结果建立了依据海拔高度划分的植被带和生物气候带。试样地段观测作为一种采样方法，阐明了光合作用对植物品种和生长的重要性，在赤道地区，这种作用对植物的影响更为强烈，而在北纬46°的阿尔卑斯山地区，这种影响则相对较弱。因此，试样地段观测法提高了科学家们对于生物群落在梯度上的科学认识。

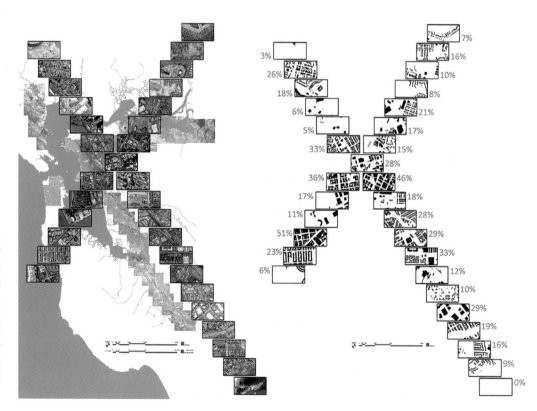

图 1.2.9

旧金山湾区的试样地段图，每隔 5 公里选取一个试样地块。如图所示，我们对每一个试样地块的土地覆盖情况都进行了计算，但是，通过图形化的方式，还可以展示与计算出很多环境方面的指标，例如人口密度、人口统计资料、地表的渗透性、植被覆盖状况、气候变量，以及水体的存在等

在自然科学发展史中，洪堡的工作方法介于静态分类学和动态历史性描述之间，这一概念对日后查尔斯·达尔文（Charles Darwin，1859）的进化论理论，以及恩斯特·海克尔（Ernst Haeckel，1866）[9]的理论都有重要的影响，因此，在19世纪初期，洪堡创立的试样地段法为生物地理学的研究开辟了新的领域。[10]

当大自然被理解为一个相互关联、互为因果的网络系统时，它的脆弱性也就变得显而易见了。洪堡看到殖民地大面积的森林遭到砍伐，被开辟为农业种植园，于是撰写了有关人类活动导致气候变化的论文。大面积植被的人为损毁导致了大气中水分的减少，冷却效果减弱，进而又造成了水分保持能力下降，以及土壤对侵蚀作用的抵御能力衰弱。

洪堡的研究工作对帕特里克·格迪斯（Patrick Geddes）产生了重要的影响，后者发表的"谷区"（Valley Section）一文，为后世提供了城市试样地段分析的重要先例（Geddes，1947）。格迪斯是一名生物学家，并接受过植物学的专业培训，在1915年出版的《进化中的城市》（Cities in Evolution，1915）一书中，他采用了试样地段的方法，对从高地到谷底不同区域的人类栖息地条件进行了描述。[11]试样地段法无论在过去还是现在，都是一种被广泛应用的描述性工具，主要应用于生物地理学领域，利用试样地段来监测某一特定地区的植物分布和动物种群状况。生物学家、林业工作者、地理学家和地质学家，他们在调研大面积的地理区域时，都会将试样地段作为一种降维的抽样方法来使用。

洪堡的研究工作不仅对格迪斯产生了重要的影响，也在后来的苏格兰学者伊恩·麦克哈格（Ian McHarg）所著的《设计结合自然》（Design with Nature，1971），以及更近期的安妮·惠斯顿·斯本（Anne Whiston Spirn，1984）和迈克尔·霍夫（Michael Hough）的作品中都得以延续，现在，这种方法被称为生态或景观都市主义的城市设计方法。

同样，在城市设计领域，试样地段法也是一种很实用的表现工具。它们为设计师提供了一张很大的画布，大到足以令他们在进行都市景观设计的同时，还能够关注到整体的状况。

近几十年来，试样地段法被新城市主义代表大会（Congress of New Urbanism）用来捍卫在美国推广的规范化规划战略（Duany，2002）。[12]在这项规划战略中，一种理想的由城市到乡村的逐级变化就是采用试样地段法描绘出来的。尽管在历史上，曾经出现过很多逐级变化的案例，但这种模式在一个大规模的区域内是否也能够顺利实施，仍然存有质疑。在旧金山湾区，城市形态并不是以上述渐进式的方式出现的。我们所面对的都市景观，就像是一个拼凑起来的作品。要想对这些拼凑起来的补丁进行修复或转变，就需要采取一种高度本土化的方法循序渐进地进行，要将决策权授予当地的政府部门。

试样地段法并不是一种标准化的规划工具，而是对很多个地块的描述，这些图片都是由学生团队制作的，他们对旧金山湾区的城市化状况进行了图像化的描述。学生们从伯克利校园内的钟楼出发，一直走向城市化地区的边缘地带。这些学生每隔 5 英里左右就会停下脚步，将其周围的景象记录下来。在随后的几年里，图像化的描述方式逐渐形成了。与洪堡一样，学生们也采用了将垂直方向尺度夸大的方法，强调了旧金山湾区东西交叉地区的地形地势和水体深度。图 1.2.10 在垂直向坐标轴上的尺度，较真实状况夸大了五倍。虽说采集的试样地块越多越好，但如图示采集的这五个试样，也足以描述旧金山湾区的状况了。

试样地段图提高了我们对于地形，以及与之相关的聚落形态的认识。在克莱门斯·斯滕伯格（Clemens Steenberger）和沃特·雷（Wouter Reh）的著作中，他们以引人注目的图示，举例说明了在罗马、伦敦、纽约、柏林和其他一些城市的丘陵、平原和水体附近的三维环境中，对著名街区以及街道布局模式的观察是多么的重要。这些图形化的表现手法，为读者们打开了另一种新的思路，即城市的形态是如何随着时间的推移而发展演变的（Steenberger & Wouter，2011）。

在这一章的开头，我们对塑造城市形态的力量进行了观察。在一定程度上，这种力量反映了该城市居民在某一特定历史时期的价值观，但更强烈地反映出了市场的力量。本章还列举了很多未经利用的空间，其数量相当惊人。在加利福尼亚州，而且不仅仅是加利福尼亚州，宽敞的空间感所反映的是居民们的价值观体系，但这也造成了大量的土地没有被好好利用。1912 年，英国著名建筑师雷蒙德·昂温（Raymond Unwin）提出："过度拥挤的生活一文不值。"一百年后的今天，这种思想在我们当中依然存在。在下一个章节中，我们要讨论的并不是过度拥挤的问题。我们要探讨的问题是，如何在高度分散的大都会区（例如旧金山湾区），以更可持续发展的方式对被浪费掉的土地资源加以利用。如果我们想要对引起气候变化的原因加以控制，那么就没有第二种选择。虽然，在旧金山和其他一些城市的中心地区，可持续发展的城市形

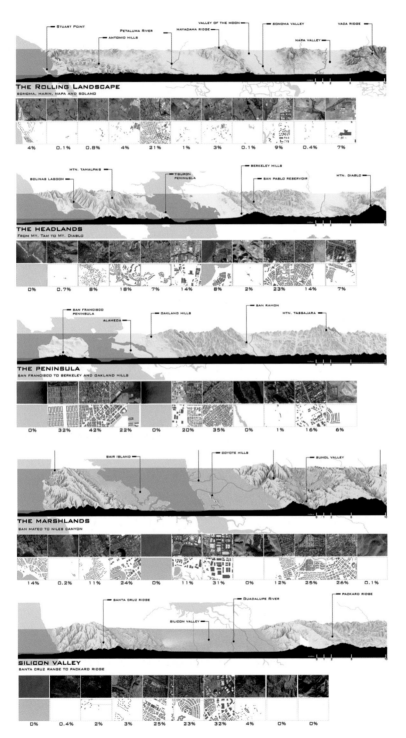

图 1.2.10

横跨旧金山湾区的五个试样地段图。每个试样地块相对的建筑轮廓示意图展现了由于城市发展所覆盖的土地数量。平均而言，该地区的土地利用率还是很低的（作者建模，约翰·多伊尔和埃里克·詹森协助）

态或许已经越来越难以实施，但我们应该还是有机会针对一些场所进行改造，以支持该地区都市化景观中可持续发展的，并且是人们可以接受的生活方式。

注释

1　受所罗门兄弟集团（Solomon Brothers）委托所进行的一项研究。

2　这些横截面的尺寸比 1936 年联邦住宅管理局（FHA）规定的标准略宽，也比西拉古纳（Laguna West）社区的道路标准宽得多，西拉古纳社区是加利福尼亚州于 1991 年建成的一个新传统社区 [索斯沃思（Southworth）& 本·约瑟夫（Ben Joseph），2003]。

3　最新的房价资料可参见网站 neighborhoods.com（2017）。

4　旧金山市区开发计划，1985 年被纳为总体区域规划的一部分。

5　2006 年 7 月 27 日，加利福尼亚州州长施瓦辛格（Schwarzenegger）签署了《2006 年全球暖化解决方案加利福尼亚州法案》。

6　2013 年 7 月 18 日，旧金山湾区政府和大都会交通运输委员会共同批准了旧金山湾区的规划方案。该计划制定了可持续性的社区战略，并指定了优先发展的区域，以容纳将来剧增的人口。该地区由于优质的公共交通服务，到 2040 年，人口数会由现在的 700 万增加至 900 万。

7　有关 SB375 的分析，可参见当地政府研究所的网站：http://www.ca-ilg.org/（2015）。

8　采访工作是由两名研究生负责的。在一个试点项目中，他们对多尔蒂谷两个社区的 22 户居民进行了访问。

9　关于海克尔及其进化理论的更多资料，可参见罗伯特·J. 理查兹（Robert J. Richards）[理查兹（Richards），2008]。

10　1799—1804 年期间，洪堡一直在美国游历。他撰写了一部关于植物地理学的著作《植物地理学论文集》（Essai sur la géographie des plantes），同时在巴黎和德国出版（洪堡，1807）。1845 年，洪堡出版了汇集其毕生所学的著作《宇宙》（Kosmos）；1862 年，又出版了第五卷；现在洪堡的《宇宙》又已再版（2004）。

11　为了参加 1910 年在印度举办的城市博览会，制作了一套非常精致的以鸟瞰视角展示的典型山谷流域地区截面模型，但却因为在途中船只失事，而流失在大海中。1947 年，由威廉姆斯（Williams）和诺盖特（Norgate）有限公司出版的修订版《进化中的城市》（Cities in Evolution）一书中，展示了山谷流域地区截面以及展品的复制品。

12　可参见：艾米丽·塔伦（Emily Talen，2002）。

参考文献

Ascher, F., 1995. *Métapolis: Ou l'avenir des villes*. Paris: Odile Jacob.

Barbour, E. & Deakin, E., 2012. Smart Growth Planning for Climate Protection: Evaluating California's Senate Bill 375. *Journal of the American Planning Association*, 78(1), pp. 70–86.

Berghaus, H., 2004. *Physicalischer Atlas, Sammlungen von Karten, auf denen die hautsächlischten Erscheinungen der anorganischen und organischen Natur nach ihrer geographischen Verbreitung und Verteilung bildlich dargestellt sind. Zu Alexander von Humboldt, KOSMOS*. Frankfurt am Main: Eichborn Verlag.

Bishop Ranch, 2014. *Bishop Ranch*. [Online] Available at: www.bishopranch.com/ [Accessed 26 April 2017].

Bosselmann, P., 2008. *Urban Transformation: Understanding City Design and Form*. Washington: Island Press.

Darakjian, J., 2009. SB 375 Promise, compromise and the new urban landscape. *UCLA Journal of Environmental Law & Policy*, 27(2), pp. 372–404.

Darwin, C., 1859. *On the Origin of Species by Means of Natural Selection, Or, the Preservation of Favoured Races in the Struggle for Life*. London: J. Murray.

Davids, R., 2008. Development, topography and identity: Dougherty Valley and the new suburban metropolis. *Places*, 20(3), pp. 58–64.

Downs, A., 1989. *The Need for a New Vision for the Development of Large US Metropolitan Areas*. Washington DC: Brookings Institution.

Duany, A., 2002. The Transect. *Journal of Urban Design*, 7(3), pp. 251–260.

Ewing, R. & Cervero, R., 2001. Travel and the built environment: A synthesis. *Transportation Research Record*, 1780, pp. 87–114.

Farooq, S., 2005. Water Politics Shape Dry Valley's Development. *Oakland Tribune*, 12 Aug.

Farrington, J. & Ward, C., 2009. *Neighborhood Design and Automobile Dependency [Unpublished student report]*, Berkeley: Department of City and Regional Planning, UC Berkeley.

Federal Highway Administration, 2014. *Lane Width*. [Online] Available at: https://safety.fhwa.dot.gov/geometric/pubs/mitigationstrategies/chapter3/3_lanewidth.cfm [Accessed 27 April 2017].

Fishman, R., 1987. *Bourgeois Utopias: The Rise and Fall of Suburbia*. New York: Basic Books.

Geddes, P., 1915. *Cities in Evolution: An Introduction to the Town Planning Movement and to the Study of Civics*. London: Williams & Norgate.

Geddes, P., 1947. *Cities in Evolution*. London: Williams & Norgate.

Gerckens, L. C., 1994. American zoning and the physical isolation of uses. *Planning Commissioners Journal*, 15, p. 10.

Greenbelt Alliance, 1988. *Reviving the Sustainable Metropolis*. San Francisco: Greenbelt Alliance.

Haeckel, E., 1866. *Generelle Morphologie der Organismen*. Vol. 2: *Allgemeine Entwicklungsgeschichte*. Berlin: G. Reimer.

Hough, M., 1995. *Cities and Natural Process*. London: Elsevier Science.

Humboldt, A. v., 1807. *Essai sur la géographie des plantes: accompagné d'un tableau physique des régions équinoxiales*. Strasbourg: Levrault.

Humboldt, A. v., 2004. *Kosmos, Entwurf einer physischen Weltbeschreibung*. Frankfurt: Eichborn Verlag.

Institute for Local Government, 2015. *The Basics of SB 375*. [Online] Available at: www.ca-ilg.org/post/basics-sb-375 [Accessed April 2017].

Jacobs, A. B., 1993. *Great Streets*. Cambridge, MA: MIT Press.

McHarg, I., 1971. *Design with Nature*. New York: Published for the American Museum of Natural History.

Mozingo, L., 2011. *Pastoral Capitalism, a History of Suburban Corporate Landscapes*. Cambridge, MA: MIT Press.

Neighborhoods.com, 2017. *Windemere*. [Online] Available at: www.neighborhoods.com/windemere-san-ramon-ca [Accessed 28 April 2017].

Richards, R. J., 2008. *The Tragic Sense of Life: Ernst Haeckel and the Struggle Over Evolutionary Thought*. Chicago: University of Chicago Press.

SF Municipal Transportation Agency, 2015. *Board of Directors' Workshop Presentation (PDF)*. [Online] Available at: www.sfmta.com/calendar/meetings/board-directors-meeting-february-3-2015 [Accessed 26 April 2017].

Southworth, M. & Ben Joseph, E., 2003. *Streets and the Shaping of Towns and Cities*. Washington: Island Press.

Spirn, A., 1984. *The Granite Garden: Urban Nature and Human Design*. New York: Basic Books.

Steenberger, C. & Wouter, R., 2011. *Metropolitan Landscape Architecture*. Bussum: Thoth Publishers.

Talen, E., 2002. Help for urban planning: the transect strategy. *Journal of Urban Design*, 7(3), pp. 293–312.

Unwin, R., 1912. *Nothing Gained by Overcrowding: How the Garden City Type of Development may Benefit Both Owner and Occupier*. London: P.S. King & Company.

Weart, S., 2017. *The Discovery of Global Warming*. [Online] Available at: http://history.aip.org/climate/index.htm [Accessed 26 April 2017].

Windemere, 2010. *Windemere*. [Online] Available at: www.visitwindemere.com [Accessed 9 January 2010].

Wulf, A., 2015. *The Invention of Nature: Alexander Von Humboldt's New World*. New York: Vintage Books.

第3章

旧金山湾区气候变化的原因和结果

    城市尺度的设定主要是由城市设计师负责的。他们设定了街道和小巷的尺度、街区和地块的尺度、建筑物退红线的距离、入口和车道的尺度、建筑物的高度、建筑物的间距、建筑物占地面积，以及每一栋建筑物允许占地面积同可用土地面积之间的关系。所有这些决策的结果，就决定了一座城市的规模。设计师的决策同时也决定了人们生活的体验：步行距离、人们可能会遇到的状况、可以接收到的光照、防风、暴露在噪声环境中、眼睛可以看到哪些景物、我们何时会体会到亲密的感觉，以及我们何时会成为城市舞台上的参与者。简而言之，城市的规模对于人类生活体验的很多方面都具有决定性的作用，其中包括交通运输所需要消耗的能源，以及为住宅与商业空间提供制冷或供暖所需要消耗的能源等等。

    负责社区总体规划的设计师，不仅要制定出策略解决临近的交通问题，也要解决地块划分问题，缩短人们出行的距离，避免土地资源浪费，同时还要处理各种各样的建筑类型，服务于一系列的活动，为不同收入水平和年龄的族群（也包含那些行动不便的人们）提供工作场所和住所。这些规则也包含对"目前工艺水平"的改进。未来规划的道路宽度一般会比现在规定的尺寸略窄一些。各种类型的住户会共享这些道路系统，而道路之间会有更好的连通性，因此居民不会像现在一样，只能依赖于一条交叉路口间距为四分之一英里的主要干道。由于这些理念很难清晰地用语言来进行解释，有的时候听起来甚至是含糊不清的，所以我们需要借助于图示来辅助说明。最适宜的表现方式是实测图，即对各种备选方案的几何造型、邻接关系、空间尺度，以及在这些几何造型影响下人类的不同体验进行比较。

    在下面的图示中，我放大了前一章所提到过的圣拉蒙多尔蒂谷社区的一个面积为64英亩（26公顷）的广场。我将该广场现有的状况放在最顶部，后面依次排列了不同的变更方案。第一组地图（图1.3.1b），灰色表示"公共路权"区域。这些区域

图 1.3.1a

我们选择的区域。这幅地图展示
的是多尔蒂谷社区的平面，我们
选择的区域位于博灵杰峡谷路的
中段，靠近一座购物中心。红线
围合起来的区域为 8 英亩×8 英
亩的正方形，总面积为 64 英亩。
这个大型的广场，每个边长 490
米（资料来源：微软必应数据库）

是目前指定用于道路、路边景观设施，以及道路中间分隔带的空间。在这个项目中，
灰色区域包含了所有非居民私有的土地；这些土地经过重新改造，变成了圣拉蒙市
公共所有权的土地，并由政府负责维护。在这个面积为 64 英亩的广场中，上述公有
土地占据了高达 40% 的比例。在第二组地图中，我缩减了"公共路权"区域的面积，
但却保留了相当数量的汽车车道，此外，我还设计了新的连接道路，以提高社区之
间的连通性。新的道路用红色表示。所以，我减少了 10 英亩的"公共路权"区域，
并增设了 6 英亩的新建道路。由此获得的可建设土地的面积依然是可观的。

　　第二组地图的红色部分，代表我在公共土地上额外建造的建筑。这些建筑都是
沿着博灵杰峡谷路（Bollinger Canyon Road）以及相邻主干道布局的。另外，我还在
商业空间的停车场新建了办公大楼。这些建筑可以用作毕夏普牧场办公园区（Bishop
Ranch Office Park）的分部，也可以用来为当地的住户们提供生活服务。

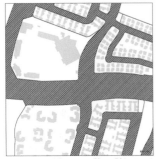

加利福尼亚州圣拉蒙
路权

路权 25.57 英亩 (39.95% of 64)

路权 14.63 英亩 + 规划中 3.14 英亩,总共 17.77 英亩 (27.76%)
净铁减 7.8 英亩 (12.18% of 64)

图 1.3.1b(由上至下)

第一组图:街道成为密度的"蓄水池"。左图:现有状况。
右图:在不减少可通行车辆数量的前提下,缩减了"公共路权"区域的宽度。

第二组图:额外获得的可建设用地。左图:现有状况。
右图:显示了可能的建筑轮廓线。

第三组图:密度计算。左图:每个方框中的数字代表当前的密度。右图:未来每英亩土地可能达到的密度,总体密度可增长 40%。

第四组图:动线。在右侧的地图中,用红色标出了额外新增的自行车道和人行道。

[图纸由作者绘制,达里奥·舒伦德(Dario Schoulund)协助]

加利福尼亚州圣拉蒙
道路和房屋占地

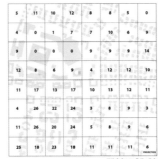

加利福尼亚州圣拉蒙 64 英亩地区
密度

平均密度 5.78 单元 /
英亩(Units/acre)

平均密度 9.72 单元 / 英亩
密度净增长:39.2%

加利福尼亚州圣拉蒙
规划中的道路连接

图 1.3.2

城市混合建筑（Urban hybrids）。
这是一种新的建筑类型，建筑后
半部分的形态与现有的郊区社区
规模相当，但临博灵杰峡谷路的
主立面却表现出都市建筑的风格

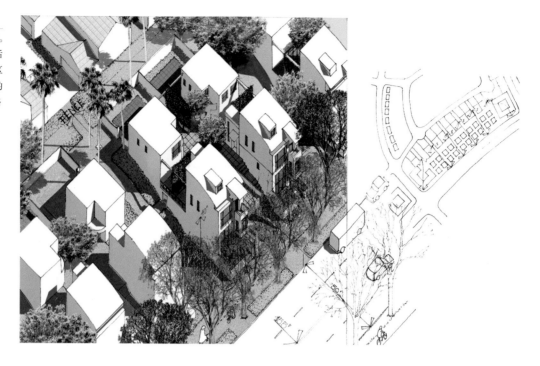

达到城市的阈值

　　究竟需要多少确切的人口数才能形成一座城市，对于这个问题我们尚未达成共识（Braudel，1992，p.482）。同样，拥有更高的密度也并不是形成城市的唯一标准。我们需要找到一种设计，来促进人与人之间的互动，从而使人们相互之间自然而然的交往成为可能。我们需要开发出一种建筑类型，而这种建筑类型并不一定只能局限于郊外。我把这种建筑称为"城市混合建筑"（Urban hybrids），因为这种建筑的后半部分在尺度上类似于郊区的建筑，但面临主干道的前立面却设置为四个楼层的高度，这同时又符合城市建筑的特色。在图 1.3.2 中，每个组团包含六个住宅单元，其中四个单元共享一个花园庭院，这个庭院设置于车库的顶部。庭院可以通向后面的两个单元以及楼上的两个单元，其中楼上的这两个单元是面向博灵杰峡谷路的。每一个住宅单元都拥有私人的开放空间。后面的两个单元还另外设有花园。每六套住宅单元形成一个组团，每个组团之间的道路都与博灵杰峡谷路相通，其人行道与车道都可以供现有的社区共享使用。建筑师或房地产开发商对于绿色建筑的定义可能拥有各种不同的解释，例如屋顶植栽、自然通风，或是在屋顶上安装太阳能板以获取能源等。在这些图纸中，我很注重建筑屋顶的设计，我们可以利用屋顶收集雨水，并将雨水储存在蓄水池中用于植物灌溉，而且假如有可能的话，还可以供家用电器使用，例如洗衣机等。

第二种建筑类型，参见图1.3.3，我们设想这样的建筑可以放置于博灵杰峡谷路和主干道的转角处，而这种建筑类型在目前的郊区是不存在的。类似于上文中介绍过的花园庭院建筑，街道转角处的建筑在外观上也对十字路口的变化作出了回应，这样的设计对于行人来说是比较友善的。该建筑的主入口所采用的是都市建筑的风格，面向博灵杰峡谷路，并通过一条曲线形的坡道与附近的郊区风格住宅相连。居住在附近街区的人们可以沿着上述的这条曲线形坡道反向穿行，穿过转角建筑，到达公交站。这栋建筑的设计，是对居住条件等级划分状况的批判。最终，假如人们有意愿缩减自己的住宅尺度，那么所有收入水平的居民就都有可能居住在这同一区域。我考虑的重点是那些上了年纪的居民，一旦他们的子女长大成人离开了原生家庭，或是由于配偶去世而成为独居老人，那么他们很有可能会决定放弃从前面积过大的住宅。在转角建筑的一层，可以设置一间诊所或社区卫生服务中心。是否还可以设立一间个体经营的社区餐厅呢？在坡道的起点附近有一家日托中心，靠近橄榄树林，孩子们由附近高中的学生们负责照顾（读者们可能会批评我在做白日梦，但请允许我保留这样的想象空间）。

至于建筑设计，我采纳了昂格尔斯（O. M. Ungers，1982）的方案，原因有二。首先，他是我的导师，从我的职业生涯初期开始，他理性的建筑风格就一直是引导我前进的明灯；其次，我一直都在探寻一种建筑表现形式，它与周遭环境间的关系并不是相互对立的，而是能够成为环境中的一个元素，彼此之间相互依存。我期望随着时间的推移，社区的建筑风格与城市街区的建筑风格能够相互适应，交相呼应。

为什么没有人会建造我所画出的东西

我知道我画出来的这些东西，一定会遭到人们强烈反对，关于这一点，我并没有抱任何幻想。第一，有人会说，依当前的道路设计实践状况，不允许对限制通行

图 1.3.3

转角处的这栋建筑融合了很多种
不同的功能，它与其周遭的环境
是相互和谐的

的道路进行改造，使之能够通向私人住宅或住宅组团。关于这一论点，是非常容易推翻的。有关目前道路设计的做法，虽然已经被编列为法规条例，但其确立的前提，是以保证车辆交通的流动性为考虑焦点的。如今，已经有一些人提出应该对这些标准重新进行审视，将关注的焦点由之前单纯的车辆交通扩大到所有的运动模式，特别要关注对非机动运动模式条件的改善。

第二种针对我所持观点的反对意见是比较难以处理的：他们认为，本章中所展示的建筑与道路建设，并不会受到市场规律的支持。类似于这样的意见是不容忽视的。就算将所有统筹开发的新建道路，全部都划归为公共所有权，反对派还是会辩称，既有的社区格局是伴随着当前的市场运作模式而产生的。因此，这种反对意见与当前住房的建设与销售动态，以及当前筹措资金的方法都是一致的。

然而，若想对关于符合市场力量的论点进行更深入的讨论，并对此进行驳斥，就必须要认识到以下三种问题的重要性：首先，重视有住房需求的民众对于住房的负担能力；其次，承认市政当局有义务以民众能够负担得起的方式为他们提供住房；再次，也是更复杂的一点，我们所期望的论据，不应该由土地经济学家们来提供，而应该由区域规划者和环保倡导者来提供。或许在很多人看来，我所构想的愿景是有争议的，他们认为它所延续的发展模式，在其构想初期就是不可持续发展的，而未来也依旧是不可持续发展的。这样的意见在很久之前就已经有人提出了，甚至比"可持续发展"这一术语被广泛运用的历史还要久。我完全认同这种批评的意见，因为它针对为那些低使用强度的住宅和商业空间配套基础设施建设是否明智提出了质疑。同理，这种反对意见也对在一个区域内建立多个中心的做法提出了质疑；多中心的存在，意味着允许人们频繁使用公共交通以外的交通工具往返于就业中心。几十年来，人们一直在积极地讨论这个问题。[1] 多中心城市的反对者指出的一个事实是正确的：一旦一个地区采取了多中心开发的概念，那么未来就无法阻止该区域内中心数量的不断增加。多中心发展模式的反对者预测了未来的人口分散状况，以及这种状况对可用资源的威胁。然而，这些反对意见在很大程度上已经变得理论化了。在旧金山湾区，前圣拉蒙毕夏普牧场内的办公园区和住宅社区数量剧增，出现了很多像多尔蒂谷这样的社区。社会不太可能抛弃这种发展模式。

由于我所提出的设计方案不仅改变了城市的物质条件，还对社会环境进行了调整，所以还将会面临第四种反对的意见，这种反对意见之所以会出现，起源于他们观察到社区一旦建成就几乎不会再发生改变。建于 20 世纪 20 年代和 30 年代之前的社区并不是这样的。在那些社区中，我们可以看到人口的变化和密度的增加，但是这些建造于三四十年前的社区并没有能力去容纳更高的居住密度，也没有能力去叠加更多的功能与活动。基本上，它们是保持不变的；原来的居民已经离开了，新的居民又搬进来，但社区的建筑和道路系统却仍然保持着原来的样子。反对者的观察在很大程度上可以说是正确的，因此，我希望对我的设计提出的最严厉的批评来自现在的住户——在多尔蒂谷这个项目中——也就是那些近期才搬到这里居住的居民，他们很可能非常容易识别出他们的新房子、街道和社区的特性，他们已经与社区形成了依附关系，存在着经济上的依赖，这里的住宅和街道都为他们营造了一种场所感。现在的住户将会利用一切可能的政治影响力，来保持他们投资房产的价值。

为了回应这四种反对的意见，并找到这些意见与我的提案之间必要的关联性，请读者朋友们展开想象：设想一下三十年后的情景，比如说到了 2050 年，如今三四十岁搬到这里居住的居民，到时候会面临退休（或是自主选择退休），如今的小孩子也已经完成了学业，准备开始他们的职业生涯，那么这个兴建于世纪中期的社区，届时又会发生什么样的变化呢。

这项讨论的美妙之处就在于，没有人知道三十年后我们大家会如何生活。但是，我们今天合理的答案将有助于未来更好地关注于都市群景观改善问题。我们需要应对可用资源日益减少的状况，这些资源主要是指水资源、能源和土地，包含被植被覆盖的土地，以及所有上述因素对空气品质和气候变化所造成的综合影响。我们是否可以暂且想象，今天的城市边缘地区在未来依然是城市的边缘，因为城市的边缘并没有什么改变，由于该地区地处在城市化进程中被跳过的区域，所以本该会引起边界扩张的开发被缩减了，由于工作场所与居住地之间的距离很近，人们很少开车，所以反而减少了温室气体的排放。

在看到上述这些设想之后，针对我所提出方案的第五种反对意见也逐渐出现了。没有办法。今天，没有人能够想象会存在一个权威机构，在现实生活中拥有足够的权利去规范管控这样一种都市群的景观，就算这样庞大的权利真的存在，那么谁又能保证其管控的过程中，一定会尊重每一个社会团体的意愿和愿望呢？最后这个问题的答案，使我们陷入了一种进退两难的困境，这样的处境就如同我们面对很多更大的环境议题时一般无二。我们会被迫做出改变，抑或是拥有时间应对改变，做出具有创造性的举措？换句话说，未来的三十年，很可能与刚刚过去的这三十年是截然不同的。变化的脚步会越来越快，而我们别无选择，只能让像多尔蒂谷这样的地方更能适应可以永续发展的未来。

未来的策略

在 2013 年旧金山湾区规划中，针对引起气候变化的原因进行了控制。该项规划方案是由县、市政府共同协作确立的；它可以适应未来城市的增长，并通过一项交通计划来引导促进居民对住房和交通的选择，旨在 2040 年之前对气候变化问题的改善取得成效。其中的一项改善措施就是指定出优先发展的区域。这是一些通过步行就可以到达公共交通集中配置的社区，在这些社区中，为居民提供了各种各样的住房选项、便利设施以及社区服务。因此，该项计划鼓励通过设计，使区域的密度达到我们所谓的城市阈值。

该项规划方案并没有禁止类似于多尔蒂谷社区这样的大规模住宅开发，也没有禁止像圣拉蒙毕夏普牧场这样的集中办公场所的开发。甚至，也没有鼓励这一类的开发形式应该进行一定的调整，以便更加符合可持续发展的社区战略。究其原因，是土地使用的决策权仍然掌握在地方政府的手中。未来，地方政府仍然有可能会批准类似于多尔蒂谷社区这样的大规模开发建设。其后果就是今后的开发项目要经历更为严格的环境审查，而该州法律承诺，凡是支持利用现有公共交通基础设施的开发项目，都会获得较为宽松的审查程序。

针对引起气候变化的原因采取"胡萝卜加大棒"的政策，是唯一能够获得广泛政治支持的做法。

在 2040 年湾区规划案中，并没有包含针对由于气候变化所带来后果（例如海平面的上升等）的应对措施。在这方面，县、市级政府仍然采取着"观望"的态度。湾区保护和发展委员会（The Bay Conservation and Development Commission，2015）接受委任，对现有的海岸线状况进行详细分析，绘制出版地图，并依照分析的结果，绘制出在 21 世纪中叶和世纪末有哪些区域有可能遭遇被洪水淹没的威胁。

在上一章的结尾部分，我们对城市政府所掌控的权力，以及在这种状况下失去了控制的市场机制进行了反思。在这个问题上，对开发建设的规模进行评估和审批是非常必要的。应对由于气候变化所带来的结果，例如海平面的上升，极有可能会引发大规模的干预措施。假如城市一直保持观望的消极态度而无所作为，一直拖延到必须要采取重大行动才能扭转局势的地步，那么情况将更加险峻。同样，由于这些原因，如果兴建或修复社区这一类的项目涉及大规模的土地，那么若想符合可持续发展的社区战略就会变得更加困难。在这个问题上，我所关心的是潜在的大规模开发，以及私人企业相关的力量，它们或将使状况达到预期的结果。如果开发的规模缩减，那么私人开发的力量就将会被减弱。当市政管理部门对大量土地都颁发了开发许可的时候，他们对于开发管理的权力就会相应减少。反之，如果只对较少的土地颁发开发许可，那么市政当局的权力就会相对较大。因此，就能够更好地监管和查核建设开发的品质，以符合长期的战略发展目标。

的确，大规模的开发动态是会令人担忧的。与所有开发项目同时出现的还有对风险的认知，我们对于可能遇到的风险一定要进行预测，并将其反映在成本和利润的计算当中。大规模的建设项目也蕴含着更高的风险；同时，它们对于行业标准的建立也起到着推进的作用。我们以社区总体规划中的道路建设为例。筑路作业的相关规定会随着时间的进展而有所不同，而且这种变化将会是持续的。在主干道上，允许左转弯的交叉路口间距应该保持在四分之一英里以上，这并非是绝对不变的真理。这样的规定只是把交通集中在一些快速通行的通道上，而这些通道的存在对其他很多事物来讲都是不好的，除了驾驶，而且通常是高速的驾驶。在大型项目中，这些标准从未受到过质疑；当政府发放开发许可证的时候，这些标准就一直是固定不变的。但我们需要的应该是更好的道路配置方案，而不是像现在这样，将所有的车流都集中在有限的几条高流量主干道上。

住宅单元的面积、数量以及容纳能力，在很大程度上推动着决策的制定。同样，比较小型的开发对于需求的适应，具有更大的灵活性。至于在一个开发项目中，将各种不同的功能——例如生活和工作——更好地融为一体这样的目标，就让我们暂且先放在一边吧。由于融资方式以及容纳能力的不同，很少有开发商愿意承担综合功能的开发项目。对地块进行更精准的划分，分别进行审批程序，这样的做法才有助于对土地用途实现更好的整合。

在权力的制衡中，还有一个问题是值得关注的。当一个开发项目规模很大的时候，市政府和私营企业之间的关系并非是均衡对等的。民众代表需要面对一场长期而艰苦的战争，他们要面对的包括律师、既得利益、债权的威胁，还要受到民选官员们直接的政治影响。于是，开发案通常都会保持在比较小的规模和可控制的范围内。更多的开发商都只选择参与一些小型开发项目的投标，而大型项目只有极少数的开发商有能力参与。

应对气候变化起因的设计

旧金山的内河码头高速公路（Embarcadero Freeway）在 1989 年的洛马普列塔（Loma Pieta）大地震中遭到损毁，并于 1992 年被拆除，于是，在毗邻金融区和主要交通枢纽——加利福尼亚州开往洛杉矶高速列车的终点站——的市中心地段，就出现了一块 10 英亩（4.3 公顷）的可用土地。2005 年，政府批准了对这块公有土地实施重建的计划，并于 2014 年至 2015 年启动了招标程序。这个地块跨越 12 个城市街区，对该项目有兴趣的开发商纷纷开始参与投标。这些标案的对象可以包含所有街区，也可以只针对某一特定街区的可开发土地。依据 2005 年的规划，有好几个街区都计划要兴建 400 英尺的高层建筑；总共获批的高层住宅大厦共有 12 栋。这些高层住宅之间的间距依日照间距来决定，确保在一年当中有六个月时间的中午时分，新的开放空间可以获得直接日照。

市政府还出台了另一项规定，要求开发商保留 35% 的住房，提供给那些收入水平较低，无法负担当前房价的民众。参加投标的开发商需要在提交的投标文件中注明，他们打算如何，以及在什么地方安置这些低收入居民的住宅。根据规定，这些低收入居民的住宅必须要合并入整体项目内部，而不允许将它们单独建在城市的其他地方。通常，开发商都会选择将这部分住宅单元安置在高层建筑中较低的楼层，或者是裙楼的部分。

相对于占据了整个城市区块的大型项目来说，我们对于考察小型项目的优势更有兴趣，我们的工作室针对各个不同大小的地块、允许的建筑标高以及期望的密度都进行了研究与尝试。我们还要切实了解旧金山居民对于住房的需求状况。

图 1.3.4 左侧的模型展示了当前投标过程的结果。在这个方案中，一个城市区块被视为一块单独的土地。高层建筑门厅的所在决定了主要住宅入口的位置。除主入

口之外，还要另外再设置一个入口，通向比较低矮的裙房。在这个方案中，每个街区一共设置了五个住宅入口。大多数的住宅单元都只配置了一间卧室。在右侧的推荐方案中，住宅单元面积的配置比例是与左侧相反的，这样就可以满足当前人们对于多单元住宅的需求。取代原方案在12个地块上开发12个项目，新的方案将地块划分为73个，总共需要建造94栋建筑。

首选的替代方案与政府的官方政策是一致的。但是，市政府为了吸引那12个大型开发项目的开发商参与可用土地的投标，于是针对开发商更愿意开发的住宅类型发放了津贴：高层塔式住宅的单人房（只有一间卧室），不仅对富有的旧金山居民来说最具吸引力，甚至对全球房地产投资市场来说也是最具吸引力的。负责该项目开

图 1.3.4

选择未来。这张图比较了旧金山市中心街区两种不同的开发模式

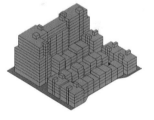

VS

当前的开发模式				提案的开发模式		

建筑类型： 高层塔楼高耸于裙楼之上，包含三种户型

居民总人数：	806
密度（每英亩）：	448 人 / 英亩
FAR：	7.95
总单元数（每英亩单元数）：	424（235）
总体造价：	$277278000
每单元造价：	$654000

1 卧室	255	60%
2 卧室	125	30%
3 卧室	44	10%

建筑类型： 多层公寓，包含三种户型

居民总人数：	601
密度（每英亩）：	334 人 / 英亩
FAR：	3.31
总单元数（每英亩单元数）：	241（134）
总体造价：	$86078000
每单元造价：	$357000

1 卧室	81	34%
2 卧室	41	17%
3 卧室	119	49%

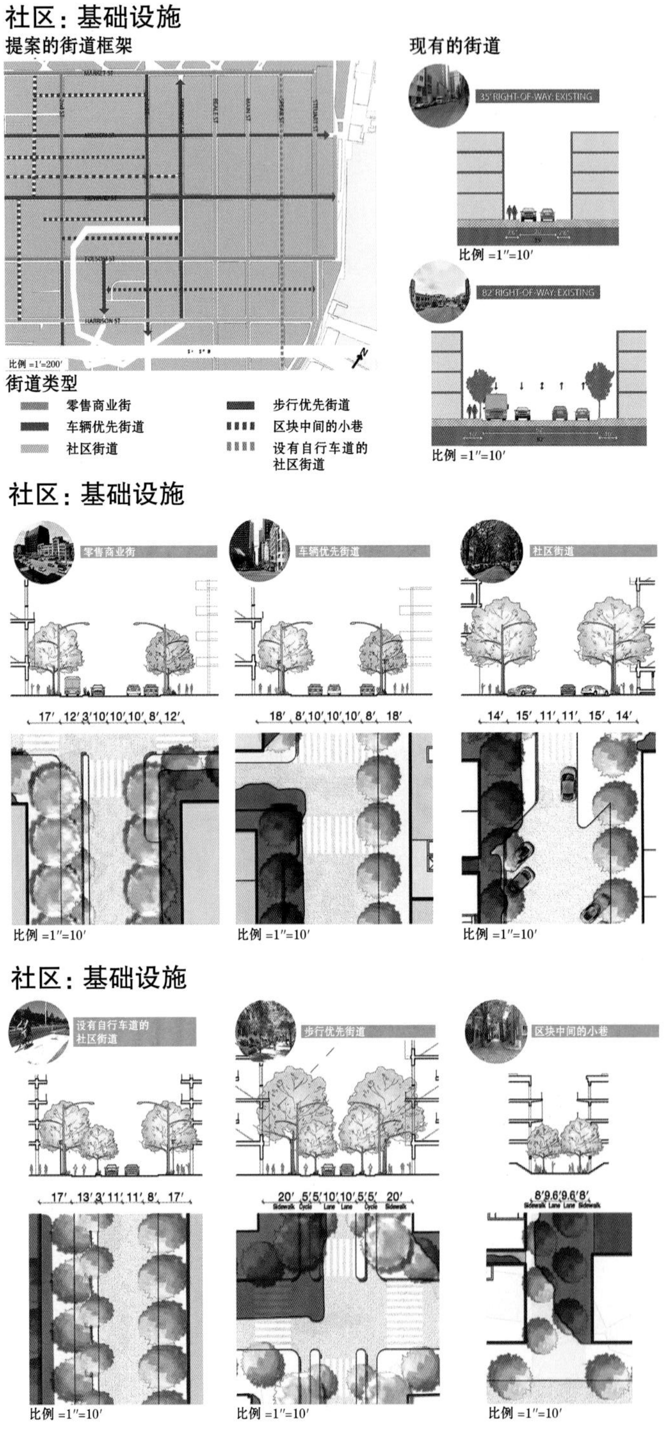

社区：基础设施

提案的街道框架

比例 =1'=200'

街道类型

- 零售商业街
- 车辆优先街道
- 社区街道
- 步行优先街道
- 区块中间的小巷
- 设有自行车道的社区街道

现有的街道

35' RIGHT-OF-WAY: EXISTING

比例 =1"=10'

82' RIGHT-OF-WAY: EXISTING

比例 =1"=10'

图 1.3.5

社区的感觉。创建一个位于市中心区的社区所需要配置的基础设施

社区：基础设施

零售商业街

17' 12' 3' 10' 10' 10' 8' 12'

比例 =1"=10'

车辆优先街道

18' 8' 10' 10' 10' 8' 18'

比例 =1"=10'

社区街道

14' 15' 11' 11' 15' 14'

比例 =1"=10'

社区：基础设施

设有自行车道的社区街道

17' 13' 3' 11' 11' 8' 17'

比例 =1"=10'

步行优先街道

20' 5' 5' 10' 10' 5' 5' 20'
Sidewalk Cycle Lane Lane Cycle Sidewalk

比例 =1"=10'

区块中间的小巷

8' 9' 6' 9' 6' 8'
Sidewalk Lane Lane Sidewalk

比例 =1"=10'

发的规划人员也回应说，目前政府并没有足够的人力来完成 94 个开发项目的审批工作。根据目前的招投标安排，该市将会获得 35% 低于市场售价的公寓，其中还包含一些多单元住宅。对于这样的结果，市长办公室的规划人员也表示，这已经是可以预期的最佳解决方案了。

当然，如果实施另一种替选方案，那就需要更多的工作人员来审查这些建设项目，因为市政府需要核发的开发许可证将会多达 73 份，而不是目前的 12 份。但是，如果政府开放接受较小地块的投标，那么就会出现一些新的开发商参与，而在目前的状况下，这些开发商的财务状况并不足以支持他们参与大型项目的投标运作。而且，参与投标的开发商增多，市政府就需要对开发的过程进行更严密的监控，以检验是否达到了既定的目标——根据旧金山市民的实际需求，为他们提供住房。

社区：开发提案

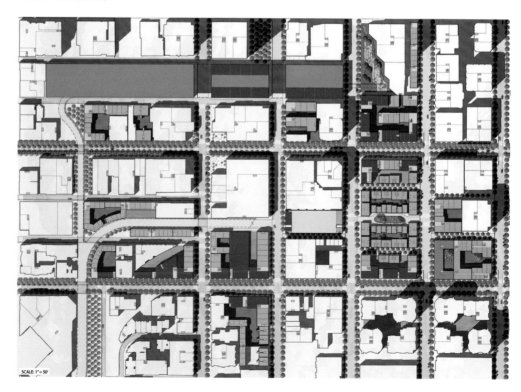

图 1.3.6

首选的开发提案，可满足不同家庭收入水平的人士对于住房的需求

我们的社区

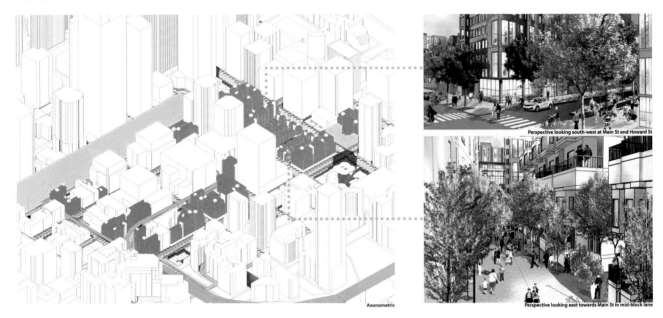

Perspective looking south-west at Main St and Howard St

Axonometric

Perspective looking east towards Main St in mid-block lane

　　由于多单元住宅配置套数增加，所以该地区需要再建一所学校。在一个比较少有人去的街区刚好有一个空位。我们尝试建成一个地处市中心区的社区，容纳 8000名新的居民，他们在社区内的活动以及到达交通站点都可以通过步行来实现。这些居民将会生活在一个与现有工作场所融为一体的社区当中。他们的住所靠近滨海地区，通过步行就可以到达学校。这样的开发有利于达到城市化的阈值，因为我们在这里提出的城市发展模式,促进了人们相互之间交往的可能性。人们在步行的过程中，会接触更多的地方。居住在这里的人们，每天的日常生活并不一定需要用到私家车。这会是一个具有良好适应性的市中心区域，可以为控制引起气候变化的原因作出自己的贡献。

通过设计，解决气候变化所带来的后果

　　在该地区，气候变化所带来的一个直接后果就表现为海平面上升，这是个亟待

图 1.3.7

一个综合的市中心社区。图 1.3.4 至图 1.3.7 由戴维·库克（David Cooke）、贾斯汀·卡南（Justin Kearnan）和丹尼尔·丘奇（Daniel Church）绘制

解决的问题。图 1.3.8 显示了旧金山湾区周围海岸线状况的试样图。最初，我们的工作室沿着海岸线每隔 5 英里选取一个试样点，直到一个周圈。后来，我们又对试样点的位置进行了调整，使选定的框架中心位于河流或溪流汇入海湾的地方。我们在建模的过程中利用了激光定位（LYDAR）的数据来描绘陆地地形，并结合了声纳数据来表现水面以下的探测结果。根据目前对于海平面上升状况的假设，我们建立了潮汐作用的模型，并以过去曾经发生过的风暴相关数据作为补充，在这方面，我们拥有非常丰富的历史资料。这样做的目的，是为了真实模拟出在潮汐和暴风雨的双重作用下，海平面是如何上升的。这项建模工作主要是由我们的同事约翰·拉德克（John Radke），以及他在我们学校带领的地理信息科学中心（Geographic Information Science Center）团队负责完成的。我们对于是否将水深测量数据纳入考虑所推断出的不同结果进行了对比。对比结果表明，将地形资料和水深探测资料结合起来综合考虑，靠近深水海域海岸线被淹没的范围会变得更大，而靠近浅水海域海岸线被淹没的范围则会变得比较小。

我们的工作室曾经进行了一个名为"适应性设计"（adaptation by design）的项目，选取旧金山湾区的十个地点，对其城市形态进行调整，以应对海平面不断上升的问题。我们设计工作的指导原则是要使城市形态更加趋近于水，而不是去被动地抵御。如果能够依照其动力学原理来管理，那么水体的存在将一直都是非常具有吸引力的。在某些情况下，这样的设计就意味着在现有的城市结构中去寻找一些有可能放弃的土地；设计池塘和运河，在需要的时候具有储水功能，但当储存的水被排干了之后，这些地方仍然有植被覆盖，仍旧保持着吸引力。在其他情况下，关键的设计理念在于冗余度，这并不是没有意义的重复，而是确保当一条防线失效的时候，我们还能拥有其他的安全措施。对我们来说，重要的是要演示一种方法，这种方法可以分阶段循序渐进地实施，并且在必要的时候还可以进行修复。尽管这些理念听起来合情合理，但是要真正实施起来却有很大的挑战性。在这里，我列举了四种不同的应对措施，来说明我们需要根据具体的情况，因地制宜地寻找适宜的应对方法。

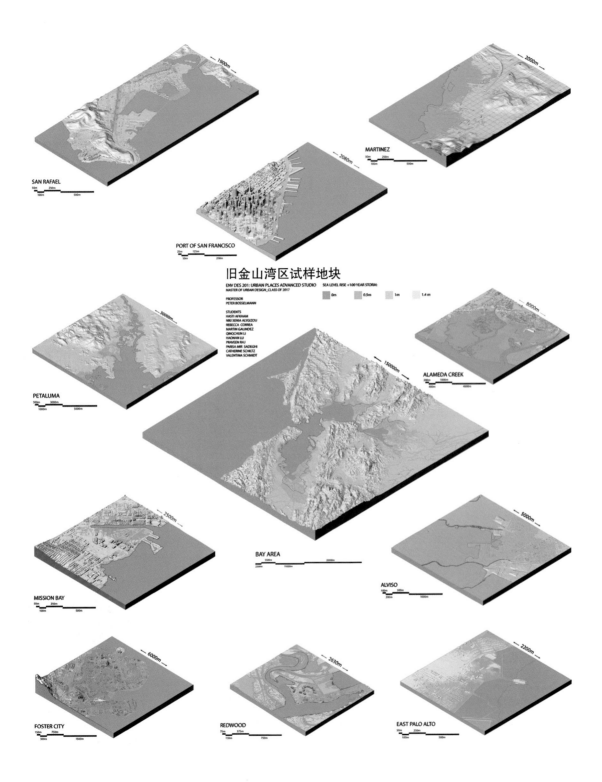

SAN RAFAEL
50m 250m
500m

1900m

MARTINEZ
50m 250m
100m 500m

2000m

PORT OF SAN FRANCISCO
25m 125m
50m 250m

2080m

旧金山湾区试样地块

ENV DES 201: URBAN PLACES ADVANCED STUDIO
MASTER OF URBAN DESIGN_CLASS OF 2017

SEA LEVEL RISE +100 YEAR STORM:
0m   0.5m   1m   1.4 m

PROFESSOR
PETER BOSSELMANN

STUDENTS
HASTI AFKHAM
NIKI XENIA ALYGIZOU
REBECCA CORREA
MARTIN GALINDEZ
QINGCHUN LI
HAONAN LU
PRAVEEN RAJ
PARISA MIR SADEGHI
CATHERINE SCHILTZ
VALENTINA SCHMIDT

PETALUMA
500m 3000m
1000m 5000m

3000m

ALAMEDA CREEK
200m 1000m
400m 4000m

8000m

150000m

MISSION BAY
50m 250m
100m 550m

2500m

BAY AREA
5500m 22000m
2200m 15000m

ALVISO
100m 500m
200m 5000m

5000m

FOSTER CITY
150m 750m
300m 1500m

6000m

REDWOOD
75m 375m
150m 750m

2630m

EAST PALO ALTO
50m 250m
100m 500m

2200m

图 1.3.8

围绕着旧金山湾区周圈，我们选取了一系列的试样地块，根据海岸线的条件预测，这些试样地块可能遭遇的洪水淹没深度分别为 0.4 米、1.0 米和 1.4 米 [下列地图及图示由哈斯提·阿夫卡姆（Hasti Afkham）、妮基·森雅·阿尔及佐（Niki Xenia Alygizou）、马丁·加林德斯（Martin Galindez）、丽贝卡·李·科雷亚（Rebecca Leigh Correa）、李庆春（Qingchun Li）、吕浩楠（Haonan Lyu）、普拉文·拉马纳坦·蒙汉莱（Praveen Raj Ramanathan Monhanraj）、帕丽萨·米尔·萨德吉（Parisa Mir Sadeghi）、凯瑟琳·席尔茨（Catherine Schiltz）和瓦伦蒂娜·施密特（Valentina Schmidt）绘制]

图 1.3.9a

马丁内斯镇（Martinez）。我们增加了更多的空地，这样的做法为流经该镇的阿尔罕布拉溪（Alhambra Creek）创造了更多的可淹没空间。此外，我们还增设了穿越湿地的潮汐通道，以增加低潮期溪流的流量，而在大潮来临、海洪泛滥的日子里，可以将更多的水资源储存起来 [图纸由妮基·森雅·阿尔及佐（Niki Xenia Alygizou）、帕丽萨·米尔·萨德吉（Parisa Mir Sadeghi）和瓦伦蒂娜·施密特·埃斯科巴尔（Valentina Schmidt Escobar）绘制]

第 3 章　旧金山湾区气候变化的原因和结果

图 1.3.9b

东圣拉斐尔（East San Rafael）。北侧为运河区。这里有一个低收入族群的社区，会受到圣拉斐尔河洪水的威胁。圣拉斐尔河在历史上曾是一个河口，是由于填海造地而形成的。当沿着圣拉斐尔河布置的防洪堤需要增高的时候，那些建造在填海土地上的房屋就不可避免会受到影响。我们在临近的区域发现了由于动迁而腾出的地块。为了解决潮汐以及季节性洪涝灾害的威胁，我们建议将高速公路抬高至堤坝之上，在洪水期，可以利用一条位于高速公路下方的支流储水 [图纸由哈斯提·阿夫卡姆（Hasti Afkham）和凯瑟琳·席尔茨（Catherine Schiltz）绘制]

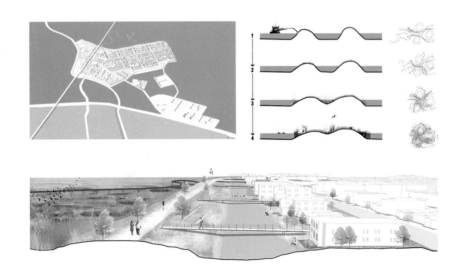

图 1.3.9c

阿尔维索群岛（Alviso Archipelago）。图片展示了位于海湾南端的历史小镇阿尔维索（Alviso）。历史上，这里曾是农产品运输的港口，但现在水路却被泥沙淤塞了。在这一地区，通过堤道，可以到达很多群岛。防洪堤的高度需要增加。沉积物被挖掘出来，并堆积在沼泽和水道沿岸。我们将要把这一区域打造成一个可供洪水淹没的水体景观，随着时间的推移，抬高的土地上将会出现植被。在这个巨大的垂直景观中，在被水浸透的灰色沼泽之上，会出现一条新的绿色分界线，也就是地平线，与远方山丘的轮廓交相呼应 [图纸由妮基·森雅·阿尔及佐（Niki Xenia Alygizou）、帕丽萨·米尔·萨德吉（Parisa Mir Sadeghi）和瓦伦蒂娜·施密特（Valentina Schmidt）绘制]

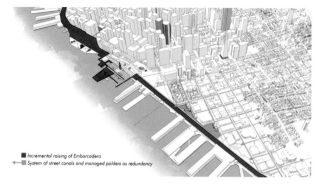
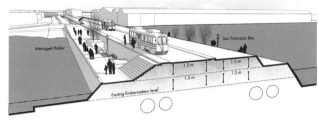

图 1.3.9d

旧金山的内河码头（Embarcadero）。这条公路修建于20世纪初期，位于历史悠久的海岸线前防波堤上。这条公路的存在，使城市与可以通航的深水区域之间的距离更加接近了。地势低洼的填海土地变成了这个城市的金融区，也是西海岸房地产价格最高的地区之一。假如海平面上升1.4米，那么海水会泛滥至历史的海岸线，而该区域就会被海水淹没。若想避免这样的情况发生，就需要将内河码头的防波堤抬高。这些图纸显示了内河码头公路目前所占用的土地在未来逐步的改造。此外，它们还展示了市区现有的运河系统，其设计目的在于储存溢流的水量 [图纸由普拉文·拉马纳坦·蒙汉莱（Praveen Raj Ramanathan Monhanraj）绘制]

注释

1　在旧金山湾区这样的环境背景下，"绿地联盟"（Greenbelt Alliance）及其前身"开放空间人"（People for Open Space）主要是以绿化带的形式来倡导区域性的开放空间。在该组织发表的多项报告中，他们断言到2035年，海湾地区周遭所有住房和就业增长都可以被现有的城市吸收，不需要再多占用哪怕1英亩的开放土地。

参考文献

Braudel, F., 1992. *The Structures of Everyday Life: The Limits of the Possible.* Berkeley: University of California Press.

Greenbelt Alliance, 2017. *Greenbelt Alliance.* [Online] Available at: www. greenbelt.org [Accessed 27 April 2017].

Radke, J. D. et al., 2017. *An Assessment of Climate Change Vulnerability of the Natural Gas Transmission Infrastructure for the San Francisco Bay Area, Sacramento-San-Joaquin Delta, and Coastal California.* [Online] Available at: www.energy.ca.gov/2017publications/CEC-500-2017-008/CEC-500-2017-008.pdf [Accessed 25 April 2017].

State of California, 2015. *The San Francisco Bay Conservation and Development Commission (BCDC).* [Online] Available at: www.bcdc.ca.gov/ [Accessed 27 April 2017].

Ungers, O. M., 1982. *Architettura come Tema.* Milan/New York: Lotus Documents, Electra/ Rizzoli.

第 2 部分 ｜ 珠江三角洲

附马蒂亚斯·孔多尔夫（Mathias Kondolf）和弗兰切斯卡·弗拉索尔达蒂（Francesca Frassoldati）提供的文献资料

1753 年，来自布拉班特（Brabant）的旅行家米歇尔（Michel）这样写道："我曾经常常流连于欧洲莱茵河（Rhine）与马斯河（Maas）的美景，但就算将这两条河加在一起，也不及中国广州（Canton）地区河流之美的四分之一。"

法国著名年鉴史学家费尔南德·布罗代尔（Fernand Braudel，1992）在他的著作《日常生活结构》（Structures of Everyday Life）一书中引用了上面这位荷兰旅行家的话，并补充道："或许世界上再没有什么地方，是比广州更适合进行短途和长途贸易的了。这座城市距南海 30 里格 *（距离香港 120 公里），但在城市中的很多水域都仍然能够感受到潮汐的悸动。因此，来自欧洲的船只、舢板或大型货轮都可以与小型的运输船只接驳，而这些小型运输船则可以通过运河，将商品运送到中国内陆几乎每一个地方。"

"Canton"（广州），这是葡萄牙水手在 1514 年为这个海港取的名字。在葡萄牙语中，"Cantão"这个名字的由来可能是根据汉语"广东"发音的一种音译，广东是中国的一个省份，而广州就是该省的省会城市。这个地区的第一个中文名称为"番禺"，最早出现于公元前 206 年，而现在，番禺用来特指广州历史中心以南的一个区块。

在 1557 年，葡萄牙商人曾有一小段时间被驱逐出广州，于是他们占领了澳门（Macao）——这是中国的第一个欧洲殖民地。在众多欧洲人当中，一直都是由葡萄牙人垄断着与中国的贸易，直到 17 世纪初期，荷兰的商船抵达中国，这种垄断的局面才有所打破。但是，在很长一段时间里，广州港一直都是海上丝绸之路上来自中东和印度的商船的目的港。从中国人的角度来看，广州和珠江三角洲的港口都是中

---

* 1 里格 ≈ 3 英里 ≈ 4800 米。——译者注

国最南端的港口，他们将自己的命运寄望于满清政府[1]，希望通过贸易，在这个尽可能远的南方保持欧洲的影响力。因为，从当地人的角度来看："天高皇帝远"。

相较于中国其他地区的民众，有很多广东人很早就迁移到了世界各地，有的来到美洲，也有的来到马来西亚和新加坡，这些地方的工业发展都要比中国起步更早一些。20世纪70年代末，中国领导人宣布改革开放之时，正是由于广东人在全球已经建立起来的密集网络，为珠江三角洲地区带来了快速的工业发展。在历史上，由于广州是进入中国的门户之地，它的地理位置很靠近香港，后来政府又出台政策，将深圳和珠海（后来扩展至整个区域）设定为经济改革试点，因此，这一地区的工业投资相较于中国其他地区——诸如上海或其他沿海城市——都来得更早一些。

珠江三角洲地区是现在全世界制造业工厂最集中的地方，也是世界各地商店货架上众多消费品的原产地。截至2011年，珠江三角洲地区的国内生产总值达到了43720亿元人民币（折合5500亿美元），并且自2008年全球经济危机以来（Gstj，2012），

图 2.1

广州的景观。

这幅图是在清光绪十八年（1892年）由梁有石（Liang Youshi）绘制的，长130厘米，宽70厘米。它延续了中国传统的山水画绘制手法。广州城的主要城门以及重要地标——例如观音山和镇海塔——的名字都被标注于图纸上。注意位于设有城墙的城市左侧的是沙面岛（Shameen Island），它是中国早期对外贸易公司的通商口岸。图中的文字说明为："来自很多国家的商船昼夜不停地在珠江上航行。"（广东省中山图书馆）

图 2.2a

珠江三角洲地区在 1979 年、1999 年、2009 年的城市化进程。这三幅地图显示了三十年来城市化的巨大变革。1979 年以前，城市化的历史进程在各个方面都很缓慢。后来由于中国领导人邓小平的务实主义政策，珠江三角洲周围地区的城市化步伐加快到了令人咂舌的地步，他先选择深圳当作试点城市，允许外资进入社会主义的区域，后来又将试点扩大到整个地区，这样的做法极大改善了该地区与全国的经济水平 [图片来源：1979 年地图由王浩然、王伟郎绘制；1999 年和 2009 年地图由莎拉·穆斯（Sarah Moos）和阿姆纳·阿尔鲁海利（Amna Alruheili）绘制]

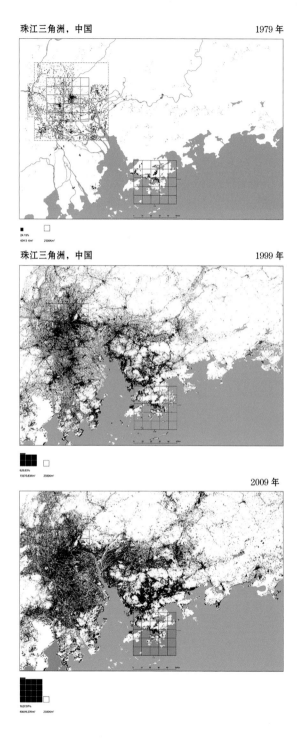

珠江三角洲，中国　　　　　　　　1979 年

珠江三角洲，中国　　　　　　　　1999 年

2009 年

还一直保持着高达 11% 的年均增长率。伴随着制造业爆炸式的增长，该地区也出现了快速的城市化和土地转型，其中很多发展的速度甚至比官方的规划进程还要快。

经济改革开放创造了持续的城市化进程，从北部的广州扩展到东部的东莞和惠州，再延续到南部的深圳。由于既有的地形地貌以及对重要湿地的保护，有效地阻止了不断扩展的城市最终与香港连成一体。在香港和澳门之间正在拟建一座大桥，将会把城市化与河口的西岸连接起来。*在那里，城市化的进程将会继续通过珠海、中山和江门向西南方向扩展，以及通过顺德、番禺、佛山、肇庆和泸宝向西北方向扩展。但是如果我们将关注的焦点只锁定在这 10—12 个城市就会产生错误的认识；早在 20 世纪 90 年代中期，也就是在进入开放型经济特区新时代的那十年，研究表明，珠江三角洲地区的城市化比较少采用由已经建成的城市向外扩张的模式，尽管

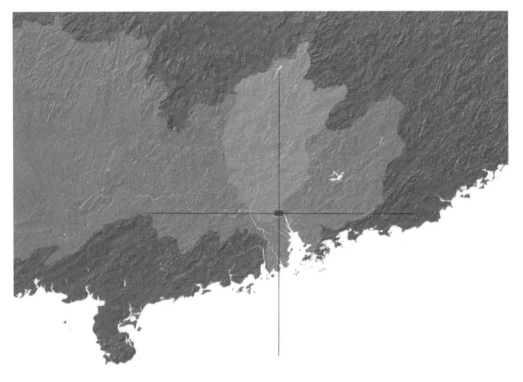

图 2.2b

珠江流域。这张地图展示了西江的东部部分，以及整个北部、东部的河流流域。红十字线所标注的是广州的位置 [地图由帕特里克·韦伯（Patrick Webb）绘制提供]

---

* 应是指港珠澳大桥。该桥已于 2018 年 10 月开通运营。——译者注

这种模式非常普遍。该地区的城市化主要发生在农村,是乡村与小城镇向外扩展(Lin,1997)。这样的发展模式就形成了一个结果,那就是一种非典型的城乡模式的城市化。在空间上,一种城市化的都市景观形成了,这是一个多中心的集合城市群,它的形态像一个城市环,有些类似荷兰的"兰斯塔德",但被这些城市围绕在中心的并不是一个绿色的心脏,而是一个由三条主要河流和八个河口组成的大三角洲。珠江三角洲的城市群拥有 5650 万人口。[2] 若再加上外来打工的流动人口,那么实际数字还要高得多:这些外来务工人员没有选择,只能保留出生地的农村户口。根据中山大学的一项研究(Xiang Dong,2011),估计这一类外来打工人口有 3670 万,这部分人口数也应该被纳入总人口当中。一项基于香港的研究估算,该地区的总人口数约为 1.04亿(中国劳工通讯,2013)。我们想想看,在 1980 年,这个地区的人口数只有 1600万,即便是珠江三角洲地区年轻一代的居民,都可以说在他们相对较短的一生当中,已经经历了惊人的巨大变革。珠江三角洲就算不是世界上发展最快的城市群,也绝对称得上是中国发展最快的城市群之一。

珠江三角洲及其河口是中国第三大的三角洲,其规模仅次于长江三角洲和黄河三角洲。其中包含三条河流,分别从西、北、东三个方向汇入中国南海。在季风季节,这三条河流的总流量变化是相当大的,从 1054 立方米 / 秒到 66500 立方米 / 秒不等(Weng,2007)。其中最大的水源来自西江(West River),那里的最大流量可达每秒 48800 立方米(Anon.,n.d.)。这条珠江水系的主要支流,发源于 2000 多公里以西的云南省,那是位于喜马拉雅山以东的高山地区。由于包含很多条支流,所以中国西南地区的西江流域覆盖的面积相当大,超过了 353120 平方公里(Marks,1998,p.30)。它的平均流量为每秒 7580 立方米,是目前为止三角洲地区最大的水源(华南理工大学,2007)。西江的主流在三角洲西部与珠江的北部支流北江(North River)交汇,并在汛期与之汇合,然后急剧转向南方,由澳门西部注入中国南海。

珠江三角洲是由西、北、东三条河流的河口沉积物堆积而成的。三角洲地区绝大部分土地都是在过去的一千年间慢慢形成的。自明朝(1368—1644 年)以来,这片广袤的河口地带被三条河流的众多支流穿流而过,河水带来的大量沉积物不断地堆积在这里。广州市就建立在当时的北江主要支流之上。公元 7 世纪,随着北江的主流向南转向另外一条支流,佛山市沿着河岸逐渐发展起来。佛山是中国晚清时期四大名镇之一,现在是广东省第三大的城市。

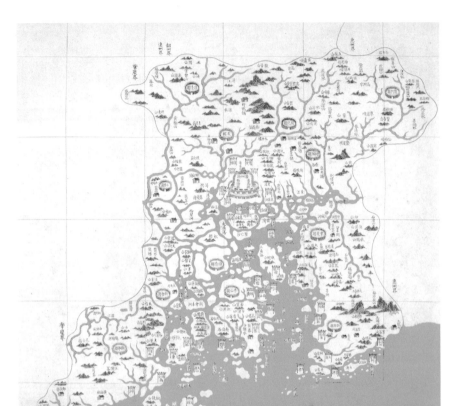

图 2.3

水体景观。
广州市及其周边城市水体景观地图，
绘制于 1733 年至 1738 年，42 厘米 ×
40 厘米。这幅地图被标绘于一套正
方形网格系统之上，以确保比例尺的
正确性。地图的中心为广州市，包含
城墙、城门以及越秀山。其他周边城
市被绘制为类似于堡垒的符号；房子
式样的图形代表军队的营地，堡垒则
代表城门（图片来源：中国第一历史
档案馆，广州市越秀区档案馆）

　　关于河川水系变化，在自然史中都有详细的记载。在商业贸易中，航海物流是
非常重要的，因此人们必须要绘制出详细的航道图。从 17 世纪开始，在中国和欧洲
航海家们所绘制的地图上，就详细记载了通往广州和佛山的水路路线。

　　纵观历史记载，珠江三角洲是由人为干预逐渐形成的，其中主要的活动包含填
海造地、筑堤和营造堤岸河塘景观，以满足密集型农业的需求。自隋朝（581—618 年）
和唐朝（618—907 年）开始，当地居民宣称要在河口地区进行耕种，可是由于季风
和台风的影响，该地区的年降雨量高达 1600—2600 毫米，因此非常需要排水和疏导。
几个世纪以来，透过防洪堤的渠道，河流带来了大量的沉积物；每年 8636 万吨的淤

广州水道系统地图。此图绘制于清光绪末年（1692 年），绢本彩绘，长 80 厘米，宽 73.6 厘米。地图中展示了八个河口，被称为"门"，是珠江三大支流汇入中国南海的地方，由东到西分别为：虎门（Humen）、角门（Jiaomen）、洪旗里（Hongqili）、横门（Hengmen）、磨刀门（Modaomen）、鸡啼门（Jitimen）、虎跳门（Hutiaomen）和衙门（Yamen）。数字标记为水深，黑点部分代表浅水（图片来源：广东省中山图书馆）

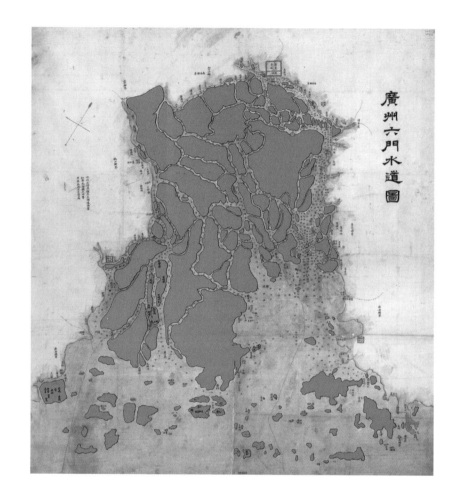

泥使三角洲朝向大海方向的海岸线越来越长，而且这一进程一直延续，至今仍以每年 40 米的速度向南海方向推进，有些地方的海岸线延伸速度每年可以达到 100 米（Weng，2007）。防洪堤之间的河道水流以及河床淤积，使得河水水位不断升高，甚至超过了邻近区域的陆地标高（Weng，2007）。

从宋朝（960—1279 年）开始，佛山和广州西南的大部分三角洲地区都是繁荣的鱼米之乡，堤岸上栽种了很多桑树，附近还设置了很多养鱼塘。暴雨过后洪水泛滥，邻近的河流以及处于水位线以下的土地都很容易被淹没，因此排水的难度很大。当地的农民们疏浚了淤泥，并将这些淤泥堆积在堤岸上。在池塘里，农民们开始饲养鲤鱼，并以疏浚出来的鱼塘淤泥作为堤坝土壤的肥料。从 1757 年到 1839 年，市场对于丝绸的需求量开始减少，由此产生的高产农业体系为该地区带来了大量的财富。[3] 在水稻种植区，堤坝与池塘并行的做法使农业生产可以实现每年两轮甚至三轮的栽种：两季水稻，外加以一种蔬菜或甘蔗作物。农业耕种又加剧了严重洪涝灾害的危险。在清朝中叶（1736—1839 年）这一百年间，一共记载了大型洪涝灾害 44 次：平均每 2.4 年就会爆发一次大洪水（Weng，2007）。罗伯特·B. 马克斯（Robert B. Marks）在他的著作《虎、米、丝、泥》（Tigers，Rice，Silk and Silt）当中，将清中叶年间这一地区的景象描绘得非常迷人。从长远的角度来看，这本书记载了自然环境的变迁以及人为的干预，是如何对人们，以及他们的选择，乃至于他们的历史作出影响的。最近的"百年大洪涝"分别发生于 1994 年、1998 年、2005 年和 2010 年这四个年份的 6 月。[4] 随着之前的农业用地迅速城市化转变，综合的土地管理实践已经变得势在必行。

城市形态

从历史的角度来看，珠江三角洲地区的城市形态可以通过了解这里的风水历史——即根据山脉和水体来对城市进行定位的历史——来解释。这种城市设计的基本原理是非常实用的；水的存在是生命赖以维系的根源，但是在低洼地区，突如其来的洪水又曾经夺去过许多人的生命。城市坐落在山脉或丘陵的斜坡上，可以为人们提供庇护。当洪水泛滥将农田淹没的时候，那些在低洼地区耕作的村民们得到警报，就可以逃往地势较高的城镇。广州、佛山、顺德和江门，这些都是最古老的城市，必须要依靠比较高的地势才能确保它们的存在。

这些城市都位于冲积扇上，北面临山或丘陵，南面临水。这些城市在布局上的巧妙之处就在于其运河的修建，这些运河与上游的河流相连，而河水通过运河注入城市的中心。假如运河工程设计无误的话，那么河流的排水是由多条渠道共同控制的，经由这些渠道，河水被引入城市的中心，而废水又被输送回河流的下游。华南理工大学建筑学院吴庆洲教授阐述了在中国的城市设计中，复杂的水资源管理实践。纵观历史，水体存在的形式有很多种，护城河、运河、港口，它们协助城市实现了最主要的功能，包含防御、消防、卫生、花园灌溉、养鱼和交通。在过去的年代，

图 2.5

珠江三角洲的形成。"形成"一词，指的是塑造形成珠江三角洲的人为活动。地图根据马克斯（R. B. Marks）1998 年版第 68 页重新绘制（图片来源：《中国历史地图》，上海，1975—1982 年）

公元 2 年

742 年

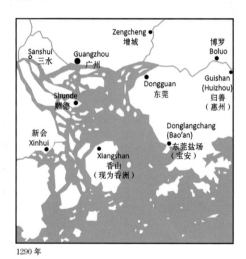

1290 年

1820 年

虽然这些功能当中有很多都是非常重要的，但在地势低洼的农村地区，运河网络最重要的功能仍然是作为洪水期间储水和控制排放的系统。

　　以一种全世界公认的模式来实现城市形态的现代化转变，这样的做法磨灭掉了很多历史，伴随而来的，也失去了很多运河。20 世纪 80 年代以来，随着城市化进程的飞速发展，若不是因为珠江三角洲地区城市水患频发，水资源管理这个课题恐怕在城市设计中是很容易被忽略掉的。在 20 世纪最初的几十年间，甚至一直到 20 世纪 90 年代，这一区域都还没有建立起一套完整的城市规划系统。在此期间，三角洲地区对于来自各方的投资都秉持开放欢迎的态度。体现在城市形态上，这样的做法就形成了一种大杂烩式的结果：工厂、从前的村庄，以及一群群孤立的高层建筑并立，而将它们分隔开的是一片片仍在耕种的农田和池塘。大片崭新的城市别墅矗立在稻田中间，在远处还可以看到大型工厂，这样的景象随处可见。迈入新的世纪，从第一个十年开始，当地政府就实施了强有力的土地使用控制政策。由 2000 年开始，制定了土地使用的法律法规。例如，要想改变土地的用途或居住密度是非常困难的："你需要跟很多不同的委员会协调，需要经历一个相当漫长的过程。因此，从总体上来说，城市的发展状况是比之前要好的；我们对于城市发展有了更多的控制。现在，市政府会对不同类型的投资与开发项目进行审慎的分析与了解，明确它们会对城市造成什么样的影响，"冯江是这样评论的。他还说道："目前还仍然存在着一个有趣的现象：

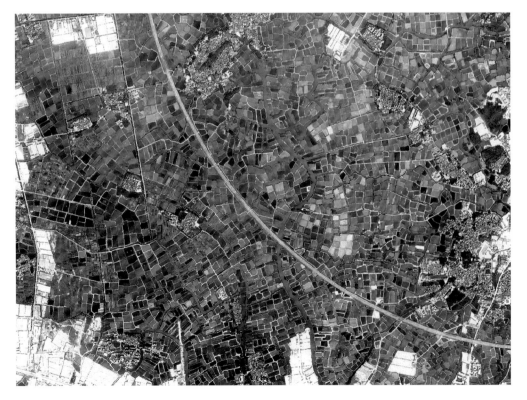

图 2.6

堤坝与池塘景观。佛山南开西桥镇卫星图。大型的曲线代表跨越在堤坝与池塘之上的高架铁路线，它是 2005 年开放使用的（图片来源：佛山市规划局）

规划人员通常都会假定一片土地只能存在一种单一的用途，但生活在这里的人们却更愿意在一小段时间之后就创造出一种多功能的环境。"

在后续的章节中，我们认为城市化进程的放缓对该地区的城市、农村以及小城镇来说，都是一件值得欣慰的好事。这种放缓的改变是由 21 世纪的第二个十年开始的。相对较慢的发展速度使历史聚落的形态与新的城市形态更好地融合在一起，而这种融合在中国被称为"城乡一体化"，即城市与农村之间的整合。1980 年之后的几十年间，该地区的发展趋势是以工业化来掩盖农村环境以及社会结构，而现在，由于生产模式的转变以及对社会问题和环境问题的重视，推动了该地区对承袭下来的城市空间结构在原有的基础上进行创新。

为了支持这一观点，我们注意到，随着世纪之交的到来，珠江三角洲地区的工业正在向更侧重于以知识为基础的生产模式转变。发生了这样的转变，我们就需要

图 2.7

广州地图，绘制于 1685 年至 1722 年。这幅地图是按照传统三维山水画风格绘制的。地图中还显示了第 2 部分第 2 章（黄埔港）中曾提到过的广州以东的南海神庙。地图尺寸为 47.5 厘米 × 64 厘米（图片来源：广州市越秀区档案馆）

对那些看起来好像是用之不竭的、没有接受过专业培训的农民工优势重新评估一番了，因为这样才能保证拥有合格的、训练有素的劳动力。[5]当地政府已经意识到，增强该地区的经济活力，越来越依赖于全体居民生活条件的改善和生活质量的提高。

为了应对频发的洪涝灾害以及已经既成事实的海平面升高状况，我们在这三个章节中讨论了各种情况下的水资源管理议题。在地势低洼的三角洲地区，对运河系统和溪流进行修复，使之恢复泄水和储水能力是十分必要的，但在这三章中，我们也报告了一些设计方面的尝试，这涉及修复该三角洲地区分散的聚落形态等更大的背景。

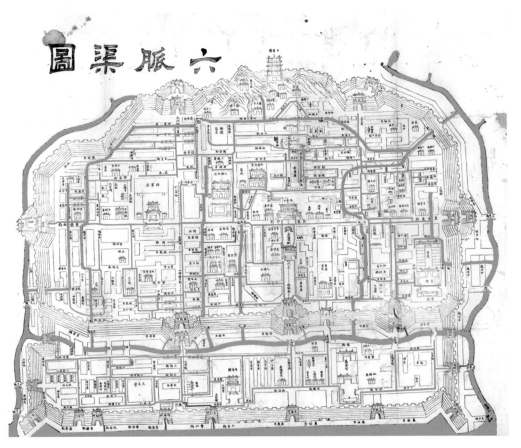

图 2.8

广州水体系统地图。这幅地图大约是在清同治九年（1870年）绘制的，尺寸为56厘米×55厘米。所谓"六脉渠系"，指的是古都中六条大型的排水系统。这些排水系统都是依据城市的地形地貌依势建造的。明朝时期（1368—1644年）的《广东志》中是这样写的："古渠如脉，渠连护城河，护城河连大海。"在那个年代，人们曾在这古老的运河中驾驶小舢板、平底木船，将货物与乘客运送进广州城。广州的"六脉"运河系统建立于宋朝（960—1276年）。在整个明朝与清朝年间，一直都有对运河系统进行维护与修缮。地图中浅蓝色阴影表示的是小型的排水渠道（图片来源：广东省中山图书馆）

图 2.9a

从 26 层俯瞰过去的石牌村，现在石牌村的周围林立着很多高层建筑。右图，特写

1980 年

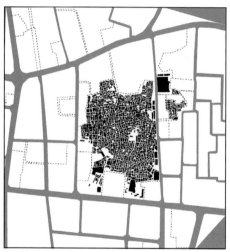

2000 年

图 2.9b

石牌村，从前是一个被农田和池塘包围的小村庄（左图），现在已经完全被广州新建的中央商务区包围了（右图）。那些收入较低的居民，以及迁移到广东省生活的农村人口可以在像石牌村这样的城中村中找到居所。在石牌村现在的居住形式中，已经没有什么乡村式的东西保留下来了。3—6 层高的建筑紧邻着狭窄的小巷。这些建筑的年代相对较近，通常都是在没有政府监督的情况下私自建造的。只有在地平面的布局上还保留了原始村落的风貌，但当地人对土地极尽可能地利用，每一个地块上面都覆盖着建筑物。左图显示了被农田包围的村庄；右图显示了被广州新商业区包围的村庄

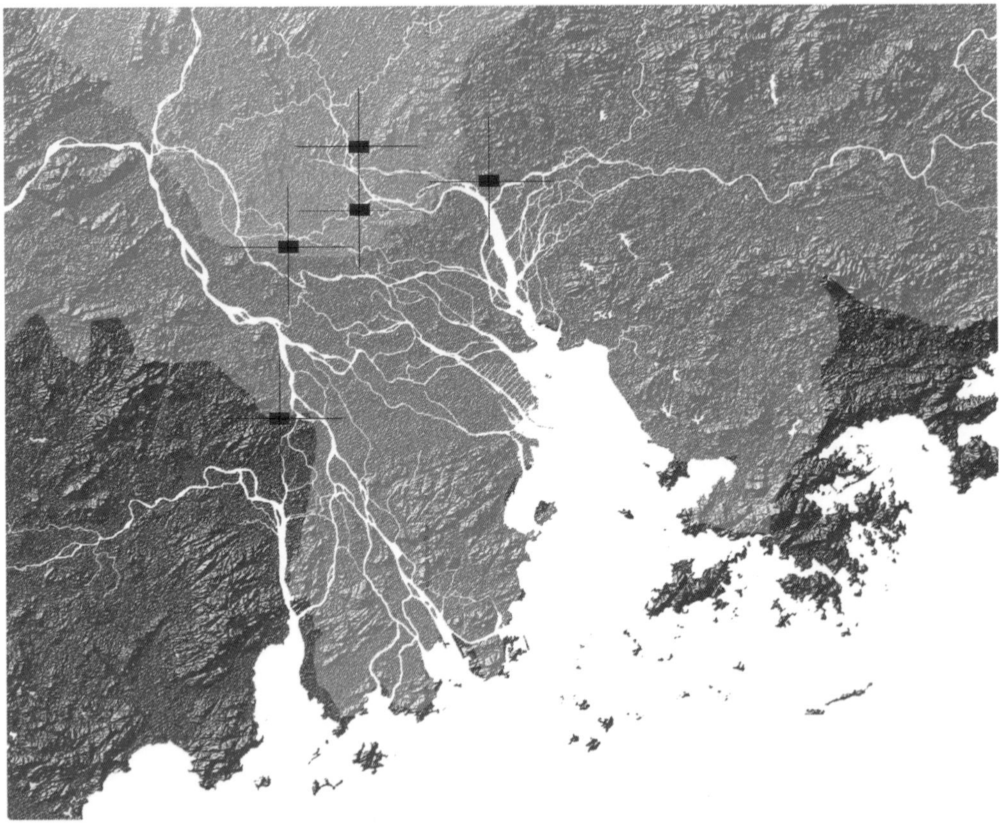

图 2.10

在本书一些章节中所讨论的珠江三角洲地区一些项目的位置[地图由帕特里克·韦伯（Patrick Webb）提供，2014 年]

　　2007 年，当我们开始与年轻的国际设计专业团队在珠江三角洲地区的村镇开展工作时，在我们看来，历史居住区的存在为当地带来了一种很受欢迎的社会与空间异质性。作为外来者，我们对于形式的多样化非常重视，尽管整个环境非常拥挤、人满为患，看起来常常是很恶劣的。这些村镇中心到处都是人，没有什么新的发展，到处死气沉沉。当然，我们很容易就可以想到这里的村民会向往更大的空间以及更好的卫生条件，但要实现这些令人向往的便利设施，也并不需要将既有的城市形式彻底摒弃掉。此外，对很多人来说，那些造型新颖的孤立的高层塔楼造价过于昂贵，他们负担不起。对我们来说，我们别无选择，只能将新的建设与既有的元素尽可能融合在一起，逐步改善居民的生活条件。

注释

1 清朝（1644—1912年）。

2 根据《广东统计年鉴》（Gstj，2012），2011年常住人口为5650万。这是该地区常住人口的大概数字（所谓常住人口，即在同一地区居住超过6个月，并持有该地区居住证或正常工作许可证的人口）。

3 中国丝绸生产的没落与1839—1842年间的鸦片战争有关，当时的中国政府对英国商人贩卖鸦片这种行为进行了报复。反过来，英国也对中国实施报复，阻止中国的丝绸出口。公元7世纪，欧洲开始自己生产丝绸，最早是在君士坦丁堡（Constantinople），之后在西西里（Sicily）、威尼斯和西班牙，后来在法国的里昂地区（Lyon）也出现了丝绸制造产业（Marks，1998）。

4 百年一遇的洪涝灾害每年发生的概率是百分之一。

5 关于这一主张，我们可以在广东省政府的官方政策中找到证据，根据该政策，当地政府已经开始将权利由之前的市县一级集中到市区一级，直接指导经济结构的转型（广州市旧城改建办公室，2013）。

参考文献

Anon., 2013. *Civil Society Portal*. [Online] Available at: www.eu-china.net/../2011_Wang [Accessed 28 May 2013].

Anon., n.d. *Gov HK*. [Online] Available at: www.epd.gov.hk/epd/english/environmentinhk/water/regional_collab/PRD_model.html

Braudel, F., 1992. *The Stuctures of Everyday Life*. Berkeley: UC Press.

China Labour Bulletin, 2013. *China Labour Bulletin*. [Online] Available at: www.clb.org.HK/ [Accessed 29 May 2013].

Feng, J., 2015. Preservation of the public. In: ETHZurich, ed. *Global Schindler Award 2015 Shenzhen Essays*. Zurich: Schindler, pp. 40–45.

Gstj (Guangdong Sheng TongjiJu), 2012. *Guangdong Tongji Nianjian*. *[Guangdong Statistical Yearbook, in Chinese]*. Beijing: China Statistic Press.

Guangzhou Urban Redevelopment Office, 2013. [Online] Available at: www.gzuro.gov.cn/ [in Chinese] [Accessed 20 November 2013].

Lin, G. C., 1997. *Red Capitalism in South China, Growth and Development of the Pearl River Delta*. Vancouver: UBC Press.

Marks, R. B., 1998. *Tigers, Rice, Silk and Silt: Environment and Economy in Late Imperial South China*. Cambridge: Cambridge University Press.

South China University of Technology, 2007. *Urban Water System Plan of Foshan 2006–07.* [Online] Available at: www.hydroinfo.gov.cn [Accessed December 2008].

Weng, Q., 2007. A Historical Perspective of River Basin Management in the Pearl River Delta. *Journal of Environmental Management,* 85(4), pp. 1048–1062.

Wu, Q., 2007. Urban canal systems in Ancient China, *Journal of the South China University of Technology.* Oct.35(10).

Xiang Dong, W., 2011. *Comparison between Migrant Workers in Pearl River Delta and Yangtze River Delta,* Guangzhou: Sun Yat-Sen University.

Zhang, H., Ma, W. & Wang, X., 2008. Rapid urbanization and implications for flood risk management in the Pearl River Delta hinterland: The Foshan study. *Sensors,* 28 March, 8(4), pp. 2223–2229.

第1章

珠江三角洲作为文化景观——
传统水乡的新生活[1]

历史学家斯皮罗·克斯托夫（Spiro Kostof）提醒我们，从古代开始，世界历史就在反复验证着一种现象，即相邻村庄的行政聚集会形成城镇。他用了一个术语叫作"村镇联合"（synoecism），来描述各个村庄是如何被吸收到一个新的城镇中的。在这个过程中，村民们以他们从前田园生活的方式，以及部落或宗族的法规，来交换变成城市中或许更自由与持久的制度。这样的交换是带有政治性质的，并会伴随产生严重的物质与社会后果；而且，正如克斯托夫所指出的，历史表明，这样的结合大多都不是出于自愿的，因此会遭受到强烈的抵制。合并会产生一种有形的结果，即一种形式，克斯托夫将其描述为"有机的"，这是继规划的或正交的之后另一种城市形态。在历史上，有很多我们熟知的例子，包括希腊的雅典、意大利的锡耶纳（Siena），以及伊朗的很多城市，如加兹温（Kazvin）。印度的加尔各答（Calcutta），甚至是美国曼哈顿的格林尼治村都被迫接受了村镇联合的转变。在这些地方，以及

图 2.1.1

左图：佛山新中央商务区扩建方案。根据佐佐木事务所（波士顿）提供的一份地图重新绘制，2003年；右图：同样的地图，上面叠覆了四个村庄

图 2.1.2

2000 年的大墩村。转型中的乡村：
工厂取代了原来的池塘与农田

很多其他的地方，人们都可以看到不同城市形态的并存，因此，很久以前社会整合的力量仍然可以被人们回忆起来，或是将其构想成为文化发展进程的一部分。对于一名致力于研究城市形态的历史学家（Al，2014）或人类学家而言，中国的珠江三角洲地区是一个非常丰富的研究领域，在这里，有很多小型有机形态的村庄，被城市扩张的正交道路网包围在中央。

大墩村，一座典型的水乡

大墩村体现了珠江三角洲地区水乡的许多典型特征。关于这个村庄的历史可以追溯到 13 世纪晚期的宋朝，也可能是 1279 年的元朝。这是在这段时期，人们开始

图 2.1.3

珠江三角洲地区的水乡。一棵大榕树
标志着这个乡村的入口

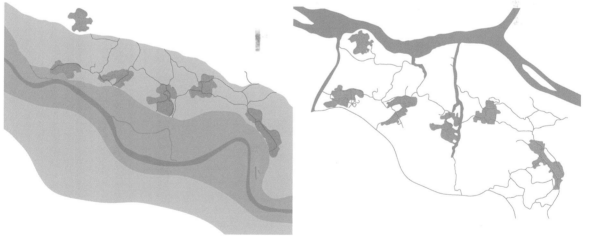

图 2.1.4

历史上著名的雁渡河（左图）和东平河（右图）之间的河流形态。

左图：历史悠久的雁渡河河道蜿蜒曲折，将临近的低洼地（淡蓝色阴影部分）都淹没了，这种情况直到宋朝修建了大堤才得以改善。于是，雁渡河的
宽度缩减了。在历史悠久的雁渡河以北地势稍高的地区建有六座村庄，大墩村就是其中之一。大墩村地理位置优越，由北向南，以及由西向东都设有
排水渠道，可供船只通行。因此，这样的地理位置促成了很有特色的、两周一次的市集。右图：近代史上的六个村庄，北面是具有疏导作用的东平河

来到三角洲地区低洼的冲积平原上定居，形成了一种典型的紧凑型村落格局，这些村落相互之间由运河连接，周围环绕着稻田，后来又变成了鱼塘。

通常，会有一棵古老的大榕树标志着乡村的入口。绿树成荫的运河和排列密集的建筑物，营造出一种既迷人又富有私密性的城市氛围，在炎热的夏季，这里也有凉爽的微气候环境（吴庆洲，1995）。

尽管在大墩村附近的很多珠江支流都设置有防洪堤，但在1915年（洪水2.5米深）、1924年（洪水及膝深，约0.35米）和1962年（洪水2.3米深），还是有几次大洪水淹没了这个村庄（梁，1988）。在1962年的洪水中，防洪堤崩塌，造成了大规模的洪灾泛滥。很多居民都跑到建筑物的二层和三层躲避洪水，而这种经历促使三角洲地区从那时起，就兴建了很多多层的建筑。[2]

在20世纪80年代之前，居住在像大墩村这样的村子里，村民都是依靠水产养殖、养蚕、种植果树、蔬菜和花卉为生的。村民在池塘之间的小截水沟种植桑树，并用富含营养物质的泥浆给桑树施肥，这些泥浆都是在池塘定期排水时从鱼塘里挖出来的。农民采摘桑树的叶子喂蚕，再将这些桑蚕的蚕茧卖给当地的丝绸加工企业（Marks，1998，p.118—120）。有机物，特别是蚕的粪便，被村民们当作养鱼的饲料。[3] 村民们还将他们自己的粪便收集起来作为肥料，施撒在菜园当中（Bruenig et al.，1986）。1972年，在当地建造了几座大规模的化肥厂后，化肥开始被广泛使用，而收集人类粪便作为肥料的传统做法就随之慢慢消失了。由于人类的粪便不再被作为一种资源利用，那么它就变成了一种废物，村民们安装了厕所，这些厕所有的直接排向运河，有的则通过下水管道排向运河。

2003年，当东平河的南岸地区被设定为佛山的新城市中心时（图2.1.1），一套由佐佐木事务所（Sasaki Associates）提供的方案在设计竞赛中脱颖而出（Sanchez-Ruiz，2003），并被该市选中作为规划方案。尽管在这份规划方案的设计说明中，提倡景观元素"要依据现有的自然环境来建造，例如运河、湖泊、岛屿、山丘和湿地等"，但是这套规划方案却并没有认可既有的、复杂的运河系统以及传统的水乡。很明显，该方案假设传统的水乡已经被完全抹去了，取而代之的是一个全新的城市结构。在方案中，一条八车道的宽阔道路从现在的大墩村中心贯穿而过。

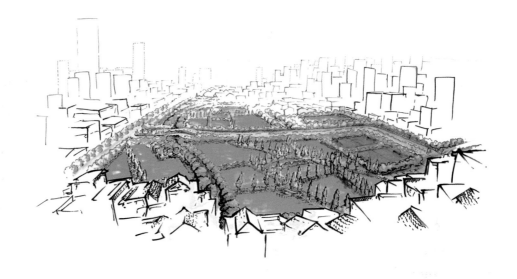

观察与倾听

村民拒绝兼并，坚持他们对村庄土地的所有权，并对政府提供的补偿方案表达
了不满。于是，新建的公路就在村边突兀地停了下来。

佐佐木事务所的方案只有一部分得到了真正的落实。2007 年，沿着新的中轴线
修建了一座大桥，横跨东平河。建成了的城市元素包括新的体育场，一座大型媒体
总部大厦，还有一座中央公园，公园中的水景包含一条蜿蜒曲折的装饰性运河。由
于未经处理的污水排放影响了大墩村运河的水质，所以当地政府沿着村庄的北面边
界线安装了一道水闸，将大墩村运河已经受到污染的水源同新建公园中的装饰性运
河隔离开来。由于人为阻断了来自北方的水流，所以这样的隔离措施使得村庄内水体
的污染程度又进一步加剧了。村里的运河与东边更大的运河系统（最终会连接到东
平河）之间还有另一个连接口，而在村庄运河网络的上游端形成了大约 1 米的潮差。

提案规划的抽象概念与现有环境的真实体验形成了鲜明的对比。2007 年到 2008
年的那个冬天，我们在大墩村开展工作，中国南方文化景观所承载的巨大压力促使
我们认识到，我们缺乏能够指导过去和当前规划实践的概念基础。从前的那些开发
实践，例如用新的住宅和新的工厂将村庄包围起来的做法，正在遭遇强大的阻力；大
墩村的村民也不例外。在国家层面，中央政府根据其社会与环境所受到的影响，对
土地开发的实践又进行了重新的审议（亚洲新闻，2006 年）。

图 2.1.6

2007 年 10 月的一个星期天的下午，大墩村的村民（左图）和外来务工人员（右图）

图 2.1.7

大墩村中央的石饰面运河

　　作为将原有村庄彻底拆除的替代性方案，将类似于大墩村这样的村庄整合到一个新开发的城市结构当中，这样的做法将会在新的中心区营造出一个绿化带，这个绿化带是由池塘、运河和村庄组成的。这些村庄被纳入了新的城市中并成为城市的一部分，无论是在经济上还是社会上都会发挥重要的作用。我们在当地工作的时候，三角洲地区之前还没有成功整合形成水乡的模式。但是，如果这样一种整合的方法能够得到清晰的论述与广为传播，那么就可能有助于避免一些未来的社会冲突，并且在周围大环境的景观发生改变的时候，还能保持这些村庄文化与景观的独特性。"和谐融合"，这是中央政府所制定的大方针，我们必须要认识到，农村地区的人口数量正在发生着巨大的改变，特别是年轻一代的劳动力，他们从比较偏远的乡下涌入城镇，以便在附近的工厂找到工作。

乡村之所以会被纳入不断扩张的城市，以及在合并的过程中，为什么不是通过简单的行政命令就可以将这些原有的村庄统统拆除掉，其原因与历史上的权利界定

图 2.1.8

梁氏宗祠，重建于 1870 年。下图：张志敏绘制的梁氏宗祠勘验图。上文中所描述的住宅类型在梁氏宗祠中也表现得十分明显，只是梁氏宗祠的规模更大，为 35 米 × 25 米

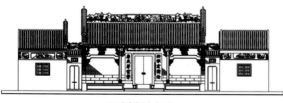

梁氏宗祠主立面

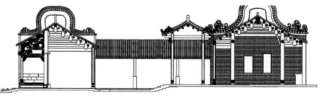

梁氏宗祠剖面

有关。在当年"长征"的过程中，毛泽东切断了中国长期以来所遵循的封建传统，而这个传统支配着中国大约 3 亿农业人口的生存（李平，2008）。通过土地改革的实施，中国农民获得了经营自主权，其中也包括土地所有权（李平，2008）。同时期，被称为"土改"的土地改革政策巩固了广大农村人口对于政党的支持，他们一直以来都是中国 1949 年革命的积极参与者，这场革命在中国被称为 1946—1950 年的"解放战争"（李平，2008）。20 世纪 50 年代中期，仿照着当时苏联的模式，农民土地的个人所有权被转化为了集体所有权，并且一直延续至今（李平，2008）。村庄作为一个农业的集体，拥有土地的使用权和控制开发权，独立于临近的城市和辖区政府自主管理。随着临近的城市逐渐向农地扩张，乡村集体失去了他们的土地，因此获得补偿。在乡村，农民仍然拥有自己的住房，并常常把房子租给外来的农民工，也就是所谓的"流动人口"。于是，原来的农民变成了地主，村庄变成了外来人口的"飞地"（一种特殊的人文地理现象，指隶属于某一行政区管辖但不与本区毗连的土地——译者注）。

为了刺激原农村地区的人口密度增长，当地兴建了四五层高的煤渣砌块住宅建筑，取代了原来的平房农舍。街道的宽度本来就已经很窄了，随着农房建筑高度的上升和上层加建了悬挑的骑楼，街道就变得更加狭窄，双向车辆在交错的时候几乎都要碰到一起了。即使在白天，小巷也是既阴暗又潮湿。

流动人口的数量很快就超过了当地村民的数量。2007 年，大墩村外来务工人员已经达到 6000 人，而当地的村民人数仍然保持在 3500 左右。村民们获得了租金收入，用于投资改造他们自己的房屋。而其他村民们则更愿意搬到附近的现代化高层公寓去居住。在区县一级的政府看来，农村各方面的条件都是不佳的；城中村常被视为贫民窟，那里人口众多，充满了岌岌可危的建筑，基础设施建设严重匮乏，有时还会出现社会治安问题。很少有人承认，城中村的存在对流动人口来说是有好处的。随着外来的农民工越来越多，很多工作机会唾手可得，但是能让他们负担得起的居住地却是少之又少。城中村中租金相对低廉的住房，对于该地区的经济发展来说仍然是至关重要的因素（马、吴，2005）。

我们与华南理工大学的师生合作，将一座村庄设置于河流景观当中，这对于参与者来说是非常具有吸引力的课题。道路、运河以及公共空间，大墩村的这些空间结构都是高品质的。两个世纪以前，在当地人同心协力的建设下，运河的河堤都是

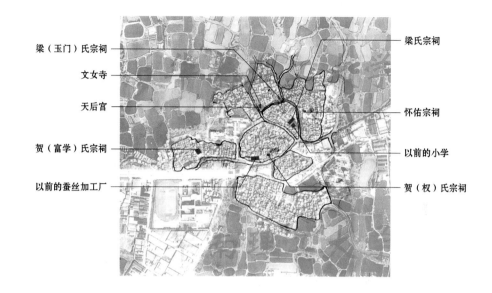

图 2.1.9

大墩村的社会结构。这个村庄包含八个部分，每部分大体是由河涌之间的土地构成的，每个部分被称为"社"，都有一个小神庇佑。石碑界定了在大墩村定居的几个大家族之间的界限，首先是蔡氏，然后是梁氏、禹氏、贺氏、冯氏、吴氏和李氏。梁氏和贺氏是最大的两个家族，这两个家族修建了规模很大的祠堂。在地图上，这两座祠堂和竹槐寺一起都标注了出来

梁（玉门）氏宗祠

文女寺

天后宫

贺（富学）氏宗祠

以前的蚕丝加工厂

梁氏宗祠

怀佑宗祠

以前的小学

贺（权）氏宗祠

以天然石材作为饰面的。石匠将很多一模一样的石环雕刻成天然的石块，每隔一段距离就规律地放置一块，用来系舢板的绳子。只要小巷的方向与运河成直角，就会设置台阶一直通向水中。当地的两大家族——"贺"氏族与"梁"氏族——的宗祠，外面都设有中等规模的广场。整个村庄共分为八个部分，或称为"社"；河涌环绕的八个部分，分别有一尊小神护佑，并分别归属村里的八个家族。两座遗留下来的瞭望塔，提醒来到这里的游客，这个村庄过去也曾是个富裕的集镇，需要受到保护，避免遭到洪水的侵袭。很显然，当地的这两个主要的望族在 1922 年至 1925 年间一直都处于世仇的状态。在古老的竹槐寺附近，仍然可以看到当初将这个村庄一分为二的隔墙残迹。村子的中央是道观，所有的家族成员都可以进入道观，而道观是一片中立的领地，临近一片灌木丛生的古树林，旁边还有一座考究的石头饰面的池塘。

通过对大墩村的观察，我们很快就了解到了这个村庄在珠江三角洲地区的河流景观中所起到的作用。我们所观察到的这些景观元素，构成了大墩村社会与文化存在的基础，而这种存在，在过去的二十年间突然消失了。无可否认，我们以欣赏的眼光看待这正在消失的河流景观，但我们也清楚地认识到，景观的变化是无可逆转的。同时，我们也意识到，通过观察，我们可以更好地理解从前的景观是如何发展变化的，以及未来的景观要如何创建，才能关注到自然与社会力量的平衡，例如，供水系统、

植被、气候、聚落模式以及人口结构的动态变化等因素之间的相互影响。

2008 年 1 月，村委会主任梁景华告诉我们，大墩村的村民委员会现在面临着两个选择。第一种选择方案，他们可以与房地产开发商谈判，后者可以为村民们提供高于佛山市政府标准的土地补偿金。如果村民们同意这项提议，那么他们就可以拿到补偿金，并可以投资购买村外的房产。依据当时的规定，当地政府承诺会将 15% 的土地返还给农民，农民们有权自行开发这部分土地。有一家房地产开发商，将会同佛山市政府一起进行城市中心区的规划，而这项规划方案要求将大墩村彻底拆除，并在这里修建一座与新体育馆相连的公园，并且完成路网的建设。这套规划方案的细节还没有制定出来，但其中可能包含对村庄内的历史建筑、运河以及部分池塘的保护。大家可以想象一个像博物馆一般的公园景观，其中还包含养鱼与桑蚕养殖的展示，能够唤起人们对于往昔的回忆。而在这个方案中，有一个问题是无法解决的，那就是租住在村子里的 6000 名农民工的未来。

第二种选择方案，即当地村委会更中意的方案，不出售开发权，保持土地的集体所有制，并且由村委会管控村庄的规划与建筑许可程序。（于是）我们开始朝着第二种选择努力。

具体来说，村民拥有对土地使用以及建筑物更新等活动的控制权，这样就有可能实现渐进式的更新，使整个村庄慢慢地发生改变。为了筹措更新所需要的资金，村民们将出租所得的收入投资于新的创收项目，由此获得的资金可以负担建设预计可容纳 30000 名新居民的市中心区的商业、娱乐和文化设施。其目的是为了引导大墩村向一种更"和谐"的村镇联合模式转变，新与旧的结合，让村民对自己的未来拥有更多的发言权。

设计大墩村的未来

在我们看来，当时最迫切的任务就是对历史悠久的运河水系进行改善。家庭的污水管道必须要同运河系统分开，要沿着运河的边缘铺设新的污水管道。一定要努力重新将运河系统连接到河流流域，这样将会增加运河的自然流量，并能保障水系的潮汐作用在两个方向都能够顺畅进行。这样的做法将会提升运河的水质。池塘和运河的供水系统，以及它们周围的树木，都将在减少潜在的洪涝灾害方面发挥重要的作用。经过改善后的运河将具有重要的生态功能，有利于动植物的生存，进而对提高空气品质以及营造出宜人的微气候作出重要的贡献。

运河、水质与微气候

通过我们的观察可以清楚地看到，村民们经常使用通向运河的台阶步道。在过去，村民们有在运河中取水、洗衣服和游泳的习惯，通过这些活动就可以反映出，当时运河的水质是非常好的（过去，大墩村的一些老村民一直坚持运河里的水是可以饮用的）。居民们的饮用水从浅井中抽取上来，而这些浅水井在水文上是与运河相连的。然而，一旦人类的粪便不再被用作农作物的肥料，未经处理的污水被排放到运河当中，水源就会受到严重的污染，不再适合上述用途了。

作为我们现场工作的一部分，我们团队的水文学家马蒂亚斯·孔多尔夫（Mathias Kondolf）和他的学生在大墩村收集了一些水样，并将这些样本送到了广州的中山大学实验室进行粪便大肠菌群的检测。学生们采集水样的地点包括附近的东平河、鱼塘、水井，以及大墩村的运河系统。实验结果显示，粪便大肠菌群在运河和水井中的浓度是极高的。值得注意的是，根据《中国地表水水质标准》（中华人民共和国环境保护部，2002），从大墩村中部和水井中取得的水样，是不适合于农业灌溉或一般景观用水的。取自大墩村和临近小涌村之间河涌的水样，可以达到工业使用，以及不直接人体接触娱乐使用的标准。我们从河流干流和鱼塘中取得的水样，其粪便大肠菌群的浓度是比较低的。这些水样可以满足直接人体接触的中国标准，例如游泳，但是却达不到美国的标准。[4] 显然，大墩村的水质受到了污染，家庭用的水井和运河都受到了严重的污染，已经不再适合人类直接接触。

污水排放和径流所带来的物质，都使运河很容易受到超营养作用的影响，水中的营养物质过度富集，当它们与阳光结合的时候，就会导致藻类的大量繁殖，从而引起水中溶解氧的流失。只要有可能，我们就应该对运河附近不透水的地面进行重新设计，在这里设置一些中小型的湿地（图 2.1.11）。人类的排泄物将不再直接排入运河，而是被排入沿着运河边缘铺设的污水管道。此外，三角洲地区已经废弃了的从前的鱼塘，可以养殖沉水性或漂浮水生植物。这样的池塘可以用来储备水源以及改善水质。

每升水含粪便大肠菌群数量

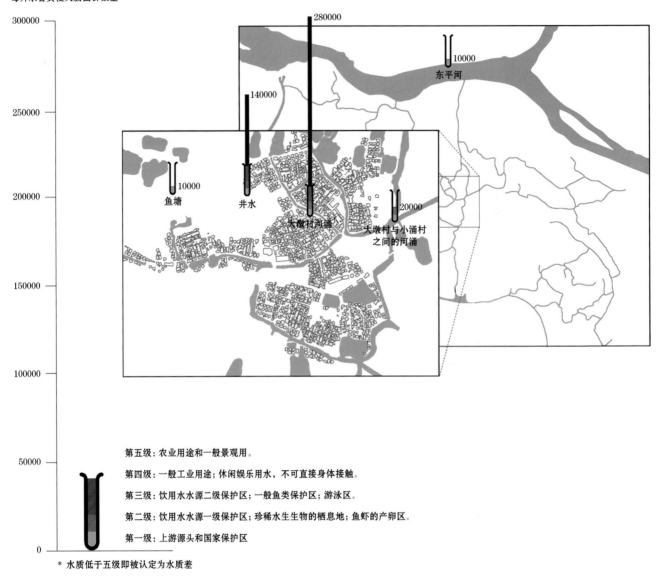

300000 ―

280000

10000
东平河

250000 ―

140000

200000 ―

10000
鱼塘

10000
井水

大墩村河涌

20000
大墩村与小涌村
之间的河涌

150000 ―

100000 ―

第五级：农业用途和一般景观用。

50000 ―

第四级：一般工业用途；休闲娱乐用水，不可直接身体接触。

第三级：饮用水水源二级保护区；一般鱼类保护区；游泳区。

第二级：饮用水水源一级保护区；珍稀水生生物的栖息地；鱼虾的产卵区。

第一级：上游源头和国家保护区

0 ―

* 水质低于五级即被认定为水质差

图 2.1.10

检测水质。显示采样地点和测试结果的地图 [图纸由柯尔斯滕・波多拉克（Kirsten Podolak）和马蒂亚斯・孔多尔夫（Mathias Kondolf）绘制]

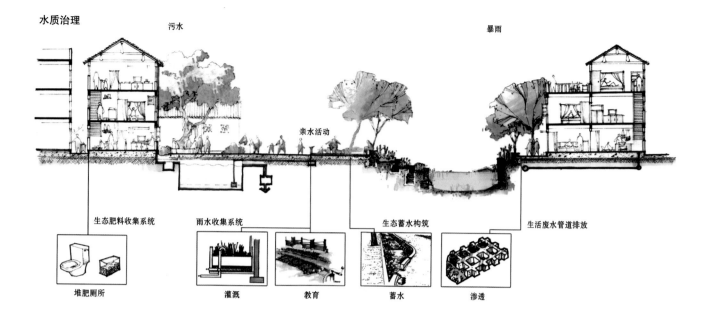

水质治理

污水

暴雨

亲水活动

生态肥料收集系统

雨水收集系统

生态蓄水构筑

生活废水管道排放

堆肥厕所

灌溉

教育

蓄水

渗透

图 2.1.11

水资源管理包含径流处理、储备，以及沿运河系统的边缘铺设污水管道 [图纸由纳丁·苏博汀（Nadine Soubotin）、柯尔斯滕·波多拉克（Kirston Podolak）、金磊、李月、胡兰、李博翾（Li Boxie）、罗玉山和马蒂亚斯·孔多尔夫绘制]

村庄的梳状结构

　　作为研讨会的一部分，我们利用卫星资料绘制了自己的地图。当我们带着自己绘制的地图在村子里绕来绕去的时候，引起了很多人的关注。村民很少有机会看到他们自己村庄的地图，特别是像这样将建筑物和小巷都清清楚楚拍摄下来的地图。对我们来说，这些地图成为一种有效的方法，协助我们分析这个村庄沿着狭窄的小巷排列的细齿状的建筑结构；沿着运河铺设的小路形成了梳子的齿脊，而梳子的齿则是由狭窄的车道组成的。两条车道之间的距离可以容纳一栋建筑物，建筑物前后都有开门，朝向平行的车道。沿着梳子的齿脊布置的建筑物面朝运河，一般都设计得比较精巧，通常是八大家族之一的小祠堂。在有一些梳状结构中，车道之间排布了两栋独立的建筑物。这样的建筑物一般都比较小，只有前门而没有后门。这样的结构有可能是由于家庭成员的分离而形成的。绿树成荫的运河和排列紧密的建筑物，形成了宽度只有 1.5 米的小巷，刚好可以容纳两个挑着扁担的人通过，由此创造出一种凉爽的微气候。由于树木和建筑物的遮挡，聚集在运河上方的冷空气为小巷提供了自然的通风。在大墩村，大多数运河的走向都是西北 – 东南，这个方向与炎热的

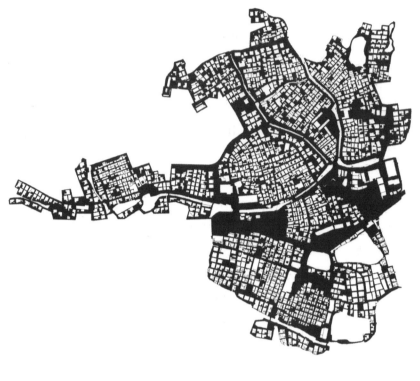

图 2.1.12

大墩村的梳状结构。纵观历史，在家族纽带的指引下，村民沿着运河建造房屋，首先是家族的祠堂，之后一排又一排不断扩展。一般来说，氏族中年龄最大的成员会住在离祠堂最近的房子里，后面居住的依次是相对年轻的一些家庭成员。一排排的建筑垂直于运河的方向布局，形成了一个类似于梳子的形态，成排的建筑就是梳子的齿，而运河就是梳子的脊背轮廓。建筑之间车道的间距一般为 7.5—10米 [图纸由克里希纳·巴拉科瑞斯南（Krishna Balakrishnan）、凯莉·华莱士（Carrie Wallace）、关飞凡、张云元、李军军、滑莎、李铮、陈一品、甘一乐、陈景祥绘制]

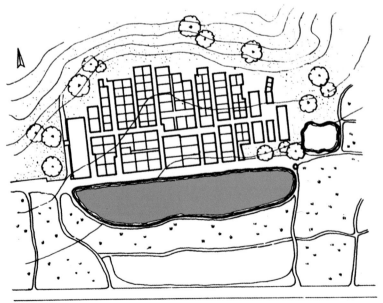

图 2.1.13

典型的珠江三角洲地区农村住宅类型 [图纸翻绘自《中国乡土建筑》, 陆元鼎主编，2004 年, p.525, 广州: 华南理工大学出版社]

夏季盛行的东南风方向是一致的。

两条平行车道之间的间距很少有超过 10 米的，最常见的间距是 7.8 米。沿着车道布置的建筑物临街面长度通常也是 10 米。因此，这些建筑物的平面都是正方形，或接近于正方形，测量面积约为 80—100 平方米。从建筑物的屋顶结构来判断，大梁的跨度从 4.5 米到最大的 5 米不等，这是典型的砌块墙体之间单跨木结构屋顶结构，在世界其他地方也很常见。因此，就创造出了一种主体结构，山墙的宽度为 5 米，沿着屋脊测量的长度为 7—10 米。主体建筑的朝向都很一致，即朝向建筑中央的一个小庭院。庭院的侧面有两个很小的房间，作为从小巷通往庭院的入口；通常，这里也被当作储存杂物的地方。这里所描述的聚落模式，是中国古代建筑类型地域性适应的结果。在大墩村，我们仍然可以很清楚地看到这种模式，但是在航拍图中，却只能寻到一丝遗迹。[5] 由于扩建和改建，现在庭院以及庭院两侧的小建筑几乎都已经消失了。虽然面向车道的山墙屋脊还很常见，但新的平屋顶建筑物和一些凉亭式屋顶已经开始在村庄中出现了。这一类屋顶适用于四个方向都独立的建筑结构，而这样的结构一般都是与多层建筑联系在一起的。

公共生活

大墩村最富吸引力的就是它的公共空间。梁氏宗祠前面的大广场，从前也曾被用于学校的操场。从宗祠的入口到运河之间的测量距离为 30 米。74 米的长度在今天看来的确会显得太大了，但若是用作孩子们游戏的操场，那么这样的尺度一定是足够了。20 世纪 80 年代，在村子的西头，距离这里三个街区以外的地方，修建了一座新的小学。贺氏宗祠前面的广场尺度是比较适中的。从祠堂前面的台阶到运河之间的距离为 18 米，总长度 35 米。在日常生活中，这两个正式的礼仪性广场使用得并不多。沿着运河铺砌着步道，老人和孩子有的坐在那里休息，有的在那里玩耍；这些步道会在某些地方变宽，有时宽度会达到 10 米，而多数情况下只有 3—5 米。村里最受欢迎的地方是运河旁边道观前的一块场地。一群男性村民聚集在这里，就坐在我们之前提到过的树荫之下。显然，人们会聚集在舒适的地方，那里有树荫遮蔽，还能感受到来自运河的习习凉风。

正如社会学家路易斯·沃斯（Louis Wirth）在他的著作《作为一种生活方式的

城市主义》（Urbanism as a Way of Life）一书中所写到的，如果说城市通常是陌生人生活的地方，那么村庄则是大家族生活的地方。在中国也是如此，特别是在改革开放前更是如此。除非家族长期以来都是以商人、公务员、军人或学者的身份谋生，否则在中国社会，绝大多数人都是从最近几代才开始脱离农业根源的。当社会学家沃斯在1938年写下他那部有名的著作时，他也回想起了自己在德国亨斯鲁克山脉（Hunsrück Mountains）一个偏远村庄度过的青年时代。后来，沃斯成为芝加哥社会学学院的领军人物。有趣的是，中国历史学家冯江在谈到路易斯·沃斯的时候是这样说的：

> 过去，在我们的传统中，建造一个场所并不是为陌生人服务的，而是为了那些彼此熟悉、互有关联的人们服务的。我们需要更多的场所，不仅仅是为陌生人服务的场所。今天，我们的公共空间只是为了陌生人而创建的，比如说公园，任何人都可以进去使用，这样很好，但却还不够好。如今，我们提供一个空白的空间作为公共空间；这个空间是没有任何意义的。所以，当人们来到这个空间的时候，他们或许会感到很舒服，因为这里没有压力，但同时他们也会感到孤独，因为这里没有社群可以分享，人们不知道在这样的空间里可以做些什么。因此，我们尝试着去创造出意义——但空间的意义绝不仅仅来自建筑。没有了社会的意义，你就不可能创造出空间的意义，所以我并不认为建筑师能做的事情有多少。但是，相较于建筑师，城市设计师和城市规划者应该可以作出更大的贡献。

冯江，2015年

通过设计进行政策测试的启示

提升现有建筑物的档次，以及在郊区兴建新的现代化住宅，这些几乎都是不需要引导的。对村民们来说，更难以解决的是与水质和水循环相关的问题，以及对运河和池塘系统必要的维护。因此，我们的团队明确了所有任务的优先顺序，设计了解决方案，将其设定为引导大墩村逐步融入新佛山市中心区的原则，并进行了说明。第一组原则就涉及水资源系统。

图 2.1.14

就像他们的父母和祖父母一样，
现代的青少年也喜欢在河边吹吹
凉风。注意最左边的那个女人。
她可能在关注着少年们的举动

将运河的水质提升到允许人体直接接触的水平，包括在运河中游泳。由于规划
铺设的污水干管将会服务于整个新城市的开发，所以收集村庄内产生的污水也是完
全有可能实现的。具体的做法是将污水管线埋在人行道的铺面之下，沿着运河的边
缘，最终将这些污水管线连接到城市的污水干管。与此同时，来自家庭的灰水（生
活废水，并且是一种通过净化处理后可以利用的水——译者注），以及降雨后的径流，
可以在运河边的人行道下进行局部处理，并储存在那里，在需要的时候将其注入运
河系统。

保护水路与风道。这项政策有助于恢复运河形成凉爽空气的这一重要功能。要
实现水路和风道的畅通，就需要保持车道与运河呈垂直走向，以免阻碍环境风的流通。

将村庄与周围的城市中心区分隔开。这项政策可以通过在村庄的周围保留一圈
鱼塘来实现，或是通过类似的策略来营造出村庄入口的感觉。为了逐步解决村庄建
筑布局非常紧密的问题，工作团队说明了另外的设计原则，可以解决街区、小巷的
尺度和地块划分等问题。在这方面，我们迫切需要加强现有的监督管理，以应对位

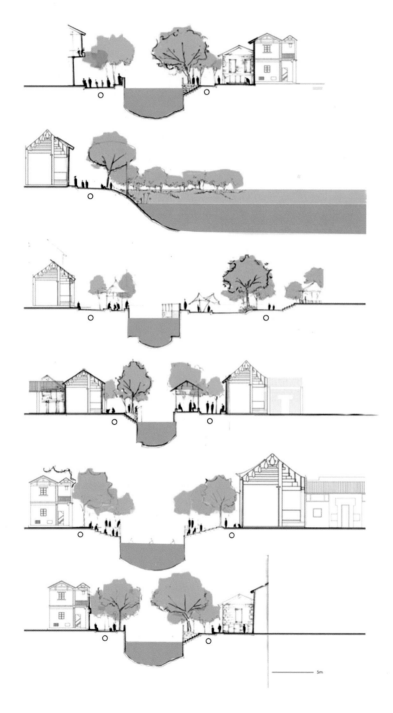

图 2.1.15

为了改善水资源管理，集中收集村庄内产生的污水是有可能实现的。具体的做法是将污水管线埋在人行道的铺面之下，沿着运河的边缘，最终将这些污水管线连接到新的污水干管 [图纸由彼得·弗兰克尔（Peter Frankel）、山姆·伍德汉姆 – 罗伯茨（Sam Woodham-Roberts）、林玉明、林峰、全学文、陈伟、耿鑫绘制]

于狭窄巷弄间的建筑物高度不断增加的问题，以保障良好的自然通风与采光。

允许新的建筑与大墩村既有的规模与形态相一致。这一原则是指将与农业活动相关的建筑物形式转变为专门的居住建筑形式，也包括为外来人口建造的住宅。

建筑物高度的增加应限制在 4 层以内。窄巷两侧的建筑物间距应设置为 4 米。这条规则适用于所有超过 2 层的建筑物。新建筑用地的覆盖率应该减少，这样，一些特定区域的开放空间比例就会从现在的 10% 上升到 25%。在这些规则的制约下，我们发现有些地块的面积实在是太小了，无法容纳新的开发项目。在这种情况下，我们就应该鼓励将这些小地块与相邻的地块整合在一起，但这种地块整合的做法应

图 2.1.16

2010 年的既有建筑图。其中深色屋顶代表历史悠久的农舍建筑，灰色屋顶代表现代新建的建筑。位于地图中心的是大墩村的梁家。我们的方案保护了水道与风力的流动。在该地区湿热的气候条件下，恢复运河形成凉爽空气的这一重要功能是非常重要的。要实现水路和风道的畅通，就需要保持车道与运河呈垂直走向，如此才能保障顺畅的空气流动 [图纸由作者和亚当·莫林斯基（Adam Molinski）绘制]

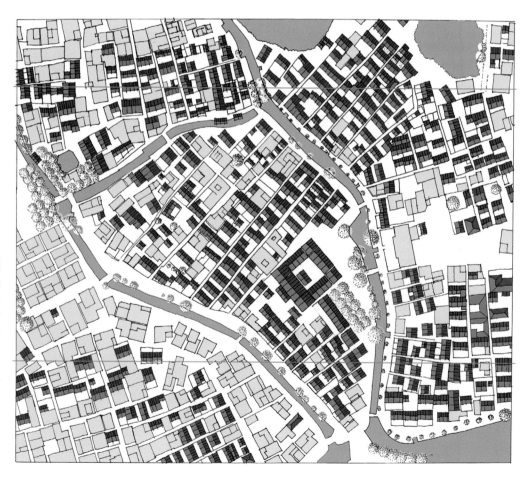

图 2.1.17

通过保留池塘－堤岸景观的遗
迹，将村庄与周围的中央商务区
分隔开［图纸由柯尔斯滕·约翰
逊（Kirsten Johnson）、斯泰西·麦
克莱恩（Stacy McLean）、王戈、
李文轩、隋欣、李雪思、陈思云
绘制］

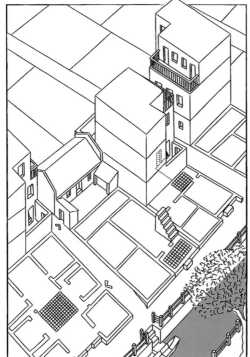

图 2.1.18

允许新的建筑与大墩村既有的
规模与形态相一致

该控制在两个地块之内。而且，地块的整合也不应该跨越车道，否则就会导致车道的阻断。建筑物面对运河的立面应该予以保留；沿着运河布置的新开发项目，也要对齐相邻建筑已经存在的临街建筑线。

所有新建项目都一定要遵循这些详细的规定。此外，大墩村两大家族的宗祠和道观（其中包含三座独立的寺庙）都应该被列为历史文化遗产予以保护。工作团队展示了重建方案，其中包含已经废弃了的历史校舍、两座部分已经被损毁了的防御塔楼、很多小型祠堂、已经废弃了的丝绸工厂厂房，还有一座从前的交谊大厅。这些元素虽然并不一定具有什么重大的历史意义，但它们的存在对于乡村特色的塑造也作出了很大的贡献，这些建筑可以被重新利用起来，作为商业企业、餐厅或商店，供大墩村周围新开发项目所带来的居民使用。

我们工作的目的，并不仅仅是简单地要保留住一种农村地区的生活方式，这种传统的生活方式在珠江三角洲地区城市的郊区已经基本上消失了。我们的目的是要为大墩村带来一种新的生活，使这里成为佛山新商业区中一个可以长久存在的，融合了文化、住宅和商业功能的地方。我们提出的设计方案有这样一个前提基础，即保留了池塘和运河的大墩村依照我们所描述的方式慢慢转变，其独特的景观会与周围快速发展起来的城市高层建筑形成鲜明的对比，正是由于这种明显的反差，大墩村的景观无论是对现有的住户还是新来的居民来说都是极具吸引力的，这是一种双赢的共栖关系。

反思

2008 年 1 月，我们向佛山市政府和大墩村村委会提出了建议方案。这套方案受到了村民们的广泛赞同。然而，政府官员的意见则更为审慎。对他们来说，我们的提案从政治的角度上看是有些微妙的，因为它是建立在新中国成立初期执行的土地使用管理政策的基础之上，即由村委会管理决定。对佛山市政府来说，这套方案还存在着一些问题：村民们是否会保留对土地的权利？他们是否拥有自行决定土地用途的权利？之前乡村土地不断上升的地价非常有可能成为向外出售的诱因。此外，关于如何实现逐步更新的期望，在这之前是没有什么专业的经验可以借鉴的。无论是私人的开发商还是政府单位，面对如此专业的住房市场，可能都不愿意以这样一种渐进式的方式来进行。在广州地区，我们看到的这一类项目是非常少的。有一个开发项目，位于解放中路，由建筑师何镜堂联合冯江、刘晖共同设计，它融合了传统联排式住宅的特点，并将其与新建的商业空间和新式经济适用房结合在一起。

当时只有我们这个团队指出，在珠江三角洲的工业化地区，对熟练操作工人的需求正在与日俱增。同过去相比，各家企业都会想尽办法留住合格的工人，而要想保留人才，就需要为他们提供更高品质的生活，其中就包括体面、又能负担得起的居住条件。

2008 年 1 月，当我们离开大墩村的时候，我们对于它的未来会变成什么样子还没有明确的概念。2009 年 3 月，我们再次回到这里，了解到佛山市政府与大墩村村委会已经达成了协议。村民同意自行支付村庄下水道系统的安装费用，而佛山市政府则同意将该系统连接到一个新建的污水处理厂。作为回报，佛山市政府拆除了水闸；于是，障碍解除，河流的水源现在可以自由流动到村庄内的运河系统了。回顾过去，我们对池塘、运河和水井中的水质进行的检测，是我们对当地居民拥有更加健康的未来所作出的最大贡献。我们猜测，正是由于我们这个国际团队收集了水样，又由中山大学独立实验室对水样进行了分析[6]，才会促使大墩村的未来发展这个议题上升到了政府的层面。

2009 年 8 月 17 日，顺德区政府被提升为与佛山市平级的地级政府。一年后，我们了解到，广东省政府已经将东平河南岸的所有土地都归还给了顺德，这其中就包括大墩村和邻近的几个村庄，在佛山市正在规划的新城市中心建成之前，这些土地都归顺德管辖。这次省一级的改组，表明了政策的转变，即加强了广东省的集中统一管理，削减了像佛山这样的地级市的权力。对大敦村周围的地区来说，这就意味着由劳动密集型制造业向知识型产业的转变。东平河以南地区，被选定为中德合作的工业服务区。[7]

当我们接受大墩村规划工作的时候，我们是期待能够提出一个不同的替代性开发方案的。站在官方规划者的角度来看，将大墩村建设成一个位于佛山新城中心区内的中央公园，这样做法可能更为简单。上海新天地的成功给中国许多城市的政府官员都留下了深刻的印象。然而，我们细致了解一下就会发现，在上海新天地这个项目中，土地使用的控制权并不是掌握在当地居民手中，而是掌握在房地产开发商手中。新天地是上海一个非常成功的开发项目，它将历史建筑融入了一个新的商业娱乐区。新天地位于上海市的中心，是一个跨越两个街区的无车辆区。十五年前，这里还是一个人满为患的老旧社区，一套四合院里最多的时候竟然居住着三十户人家。后来，居民都搬走了。毗邻高层办公和住宅开发综合体，"上海新天地"作为同一批建案的一部分，中国这个首个"生活形态中心"[8]现在已经变成了最赚钱的"金鸡母"。顺带说一下，我们在大墩村工作的时候，佛山市政府正在和投资上海新天地的开发商讨论，想要在历史悠久的佛山市中心区也创建一个类似的项目，毗邻著名的祖庙（指佛山祖庙——译者注）——这是一座经历了战争和革命后幸存下来的古老的水神庙。我们的建议是不要去效仿新天地的做法。我们或许是走在了这个时代的前面，一些读者会批评我们的提案过于学术化，但珠江三角洲地区的发展脚步也一直都是很快的。社会和环境问题日益严重，我们迫切需要找到一种更周全的方法，使地方更关心城市化的动态。

图 2.1.19
改善后的大墩村运河系统环境，2015 年。水生生物又回到了大墩村的运河当中

注释

1 首次发表的一篇关于中国大墩村保护的文章 [彼得·博塞尔曼（Bosselmann，Peter）、马蒂亚斯·G. 孔多尔夫（Kondolf，G. Mathias）、冯江、包葛平、张志敏、卢明鑫，2010]

2 大墩村村委会主席梁景华，在 2008 年 1 月与作者和马蒂亚斯·孔多尔夫的个人交流。

3 大墩村村委会主席梁景华，在 2008 年 1 月与作者的个人交流。

4 美国的游泳标准与每 1000 名游泳者中增加 8 例肠胃疾病有关。

5 中国的庭院类型是众所周知的。在 1934 年，丹麦建筑师和规划师斯坦·埃勒·拉斯穆森（Steen Eiler Rasmussen）或许是第一个将中国的庭院介绍给欧洲读者的人 [拉斯穆森（Rasmussen），1935，1950]。

6 作者支付了 300 元人民币作为分析费用。

7 《经济学人》（The Economist），2014 年 1 月 11 日，"都市更新，新领域，佛山"（Urban Renewal，New Frontiers，Foshan）。

8 P. 戈德伯格（P. Goldberger）著，2005 年，"上海的惊喜：新天地的激进古风"（Shanghai Surprise：The radical quaintness of the Xintiandi district），选自《纽约客》（The New Yorker），2005 年 12 月 25 日。

参考文献

AI, S. ed., 2014. *Villages in the City: A Guide to South China's Urban Informality*. Honolulu: University of Hawaii Press.

Asia News, 2006. [Online] Available at: www.asianews.it/view.php?l=en&art=7332 [Accessed 27 September 2006].

Bosselmann, Peter, Kondolf, G. Mathias, Feng, Jiang, Bao, Geping, Zhang, Zhimin, LU, Mingxin, 2010. The future of a Chinese water village. Alternative design practices aimed to provide new life for traditional water villages in the Pearl River Delta. *Journal of Urban Design*, 25 March, 15(2), pp. 243–267.

Bruenig, E. F. et al., 1986. *Ecologic-Socioeconomic System Analysis and Simulation: A guide for application of system analysis to the conservation, utilization and development of tropical and subtropical land resources in China*, s.l.: Compiled from the proceedings of the China Resources Conservation, Utilization and Development Seminar.

Feng, J., 2015. Preservation of the public. In: ETHZurich, ed. *Global Schindler Award 2015 Shenzhen Essays*. Zurich: Schindler, pp. 40–45.

Kostof, S., 1991. *The City Shaped: Urban Patterns and Meanings through History*. London: Thames & Hudson Ltd.

Liang, H. X., 1988. *History of Dadun Village (unpublished handwritten manuscript)*, Foshan, China: Committee of the Village of Dadun.

Ma., L. & Wu, F., 2005. *Restructuring the Chinese City: Changing society, economy and space*. New York: Routledge.

Marks, R. B., 1998. *Tigers, Rice, Silk and Silt: Environment and Economy in Late Imperial South China*. Cambridge: Cambridge University Press.

Ministry of Environmental Protection, The People's Republic of China, 2002. *Environmental quality standard for surface water (GB 3838–2002)*. [Online] Available at: http://english.mep.gov.cn/standards_reports/standards/water_environment/quality_standard/200710/t20071024_111792.htm [Accessed December 2008].

Ping Li, D. J., 2008. *Rural land reforms in China. Land reform, settlement and cooperation, 3*. [Online] Available at: www.fao.org/docrep/006/y5026e/5026e06.httn#bm06 [Google Scholar] [Accessed 24 June 2008].

Rasmussen, S., 1950. *Towns and Buildings*. Cambridge, MA: MIT Press.

Rasmussen, S. E., 1935. *Biledbog fra en Kinarejse*. Copenhagen: Bianco Lunus.

Sanchez-Ruiz, M., 2003. *Foshan Urban Design Plan, Sasaki Associates, Inc.*. [Online] Available at: www.sasaki.com/what/portfolio.cgi?fid=306&region=6&page=2 [Accessed December 2008].

Whitehand, J. W. & Gu, K., 2006. Research on Chinese Urban Form: Retrospect and Prospect. *Progress in Human Geography*, 30(3), pp. 337–355.

Wirth, L., 1938. Urbanism as way of life. *American Journal of Sociology*, 44, pp. 1–24.

Wu, Q., 1995. *Protection of China's Ancient Cities from Flood Damage*. Beijing: China Architecture & Building Press.

第 2 章

黄埔港口

要在一个人的头脑中构建出一片像珠江三角洲那么大的城市化区域，是需要时间的。除非山水的客观存在阻碍了城市化的进程，否则城市的形态看起来都会是连贯的，但也存在零星的例外。从高速公路上看，道路两侧新旧建筑并置的画面并不和谐。深入的研究，有助于我们了解很多水道的结构，正是由于这些水道的存在，将北部的白岩山和南部珠江八河口一直到南海之间的土地分隔成了两块。

在这一章中，我们讨论的重点是广州，它是广东省的省会，同时也是这一地区规模最大的城市。要将如此庞大的城市化区域的城市形态以图示化的方式表现出来，这一直都是个挑战。在能够显示整个城市全貌的地图中，城市中各种元素的比例信息是很少的；只有那些非常大型的城市结构元素，才会在地图中被特别标注出来。为了能更好地理解城市形态的范围，我们采用了本书第 1 部分中所介绍的亚历山大·冯·洪堡的"试样地段图"。试样地段作为一种缩减尺度的抽样方法，不仅可以表现出城市形态中比较小型的元素，还能显示出各个元素之间的相互关系。为了创建出这样一个抽象化的概念，我们选择设置了八个框架，每个框架的尺寸都是 4×4 平方公里，并将它们的中心点分别放置在东西横断面和南北横断面上，彼此相距 12 公里。

于是，广州在东西方向被显示为四个正方形框架，在南北方向被显示为五个正方形框架。为了进行更细致的分析，在每个 4×4 平方公里的框架中，都有 1 平方公里的面积又被细分为 10×10 个小框架，每个小框架的面积都是 100 米 × 100 米。这样做是为了将构成大都市景观的各项元素的分布规律与尺度更精细地测量出来。

被选择出来的框架构成了一幅拼图画。除了中央的一个框架所展示的广州市的历史核心区，其他每一个框架中都同时包含有田野、村庄、工业建筑和新建的住宅开发项目。当以抽象的方式来表现这些网格方块中被选中的元素时，例如，水面、

中国广东省，广州市

图 2.2.1

广州都市区试样地段图。图中东西方向显示为四个正方形框架，南北方向显示为五个正方形框架。沿着主要的方向，每隔 12 公里选择一个点作为正方形框架的中心点。每一个框架中都包含一个小型的正方形，其尺度为 4×4 平方公里。这个小的正方形又被细化成 10×10 的网格，每个正方形网格所代表的实际尺度为 100 米 ×100 米。这样做是为了将构成大都市景观的各项元素的分布规律与尺度更精细地测量出来（图片来源：谷歌地图，2009）

图 2.2.2

广州市的规模与布局。图中显示从西到东的四个正方形框架分别为街道、街区、田野和水域 [图纸由雅素·塞（Jassu Sigh）和布林达·森古普塔（Brinda Sengupta）绘制]

街区和街道以及农业模式，各项元素的分布规律就变得更加清晰了。

　　道路的分布就很能说明问题：道路的间距非常宽，这样的分布模式就表明，直到最近仍然有大片的工业建筑覆盖在农地上。我们还可以通过观察残余农地的规模，以及更为狭窄的道路结构（狭窄就是村庄道路的特点），来推断出上述的结论。从前的农业景观正在迅速地发生改变。新增加的高车流承载量的道路，就是第一个可以在土地上追寻到的新迹象。直线形的道路，构成了大型的正交网格，而从前所有对这种正交网格有所阻碍的其他形式都被拆除了。新建的道路非常强调流动性；只能通过间断设置的辅路才能到达临近的建筑。因此，新开发的区域在形态上显得很孤立，它们都建构在大型的地块上，而与相邻地块之间却几乎没有什么联系。交叉路口是为交通高峰期的高容量需求而设计的。在一片区域内，由于所有的活动都被限定在数量有限的几个交叉路口附近，所以实际的交通状况已经达到并超过了当初路口设计的最大承载能力。

　　在从西到东的第三张试样图中可以看到，广州露天市场区域的道路网格是非常粗

虎门勘测图。这幅地图是 1786
年由英国东印度公司的官员绘制
的，长 61 厘米，宽 51 厘米。虎
门——英国制图师称之为底格里
斯河（Tigris）——指的是珠江
水系的八个"门"或河口之一。
在这张地图中，显示了由澳门 /
香港出发逆流而上，通向广州黄
埔港的详细路线或航行指南。历
史悠久的黄埔港口就位于地图的
顶端（图片来源：香港科技大学）

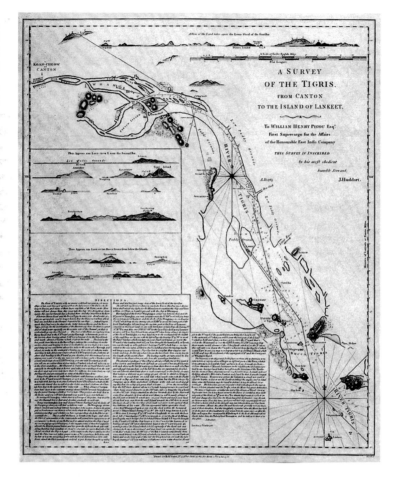

糙的。在这个地方，800 米长的构造物中，每年都举办两次国际贸易博览会。新的露
天市场于 2008 年开放，取代了原来的露天市场，位置更靠近过去举办博览会的中心。

　　向东 12 公里，也是由西向东的最后一张试样地图，我们在这张地图中可以看到
一个小水湾，它位于之前珠江虎门河口的海岸线，这里构成了广州的历史边界线。
历史上，在庙头村附近的道观中举行过祈福仪式之后，要远航到南海的船只就是从
这里出发的。这座道观是专门为了祭拜掌管着南海的海神而修建的。[1] 如今，一座巨
大的，长度达 600 米的火力发电厂，矗立在了这座古老的神庙通向南海的轴线上。

　　在广州的西部边缘地带，由西向东第一幅试样图所显示的是毗邻着佛山边界的

碧水湾村。珠江三角洲地区作为经济开发区的一部分，通过这幅地图，我们了解到在改革开放之前，该地区的都市景观中主流的聚落模式是什么样的。

在这第一个步骤当中，沿着试样线选择截取试样地图的操作看起来似乎是随意的。但是，我所选择的画面都是一些我曾参观过的地方。它们都是广州的代表，因为我当时都曾亲身经历过。看到这些曾经熟悉的元素都聚集在一起，我意识到，我是可以将这座城市作为一个整体去把握的。我所选择的试样图只能代表当时我个人对广州的理解。同所有的表现手法一样，我们将这些信息挑选出来，是为了找到更有意义的解释。对我来说，当在一个有限的区域开展工作之前，比如说在佛山南部的一个村庄，首先在心中清晰地建构起更大范围的空间结构是十分必要的。最终，我们要在城市景观中附加上一套更加精细的网络框架，而这项目标将会在未来的几年间实现。然而，就算是有限的几组画面，也让我找到了自己一直在寻找的信息：面对如此庞大的环境、社会和文化背景，面对自然的转变过程在文化景观中所留下的痕迹，我们该如何作出回应，如何进行设计。

2010 年的冬天，我们在珠江三角洲地区承接了第二个项目，该项目位于广州露天市场和南海海神庙之间 6 公里的地方，在由西向东的试样地图中，这块基地位于第三幅图和第四幅图的中间。这个区域，从前的黄埔港口（世界港口资料，n.d.），有一块面积为 60 公顷的土地，直到最近才被用来接收运载来的钢材与进口木材。这些活动都是在广州新港口设施重新安置的过程中开始出现的，新港口的设施很靠近公海。

就像以前一样，在这个地势低洼的区域，其地理位置靠近珠江水系的很多条支流，我们需要关注并了解这些河流的历史。图 2.2.4 所示为前黄埔港口以北的水道系统，而黄埔港本身曾是一条主要河流的支流。从前，珠江三角洲的运河曾经是一个完整的水系，它将无数条细小的水道连接到村庄，供村民农业生产之用。现在，这些水道作为运输系统的功能已经被废弃掉了，运河中很多地方都填满了杂物碎片残骸，但它们仍然被存留下来的村庄当作开放的下水道在使用。未来，运河系统将会扮演起另一种重要的角色，即在每年 4 月至 8 月的雨季，平均每个月的降水量可达 30 厘米，年平均降水量高达 1.7 米，而运河在大雨过后将会成为排水沟。运河的存在为从天而降的大雨提供了储存的空间，延缓了大水外溢的时间，由此可以避免大洪涝灾害的爆发。未来，越来越多的硬质铺面取代了原来具有透水性的土壤表面，当大量的雨水迅速聚集，需要排入珠江的时候，拥有更多的储水空间就会变得尤为重要。就像世界上其他的一些地方，在大排水盆地的三角洲地区是很多河流的汇流点，所有的河流都要流向一个共同的河口，每当地下水位上升、突然发生高山融雪，以及海洋潮汐高出了正常的水平时，就经常会暴发洪水，并随着暴风雨[2]——在这个项目中暴风雨是从南方袭来的——侵袭到内陆地区。

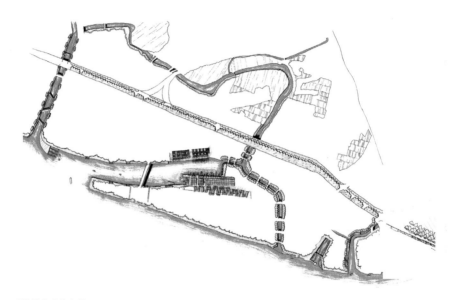

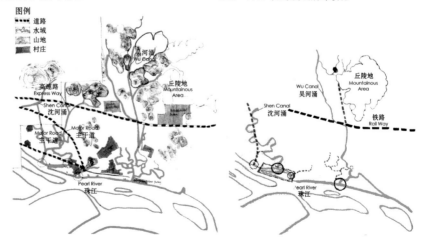

图 2.2.4

黄埔的水系统

图 2.2.5 展示了为鱼珠的前黄埔港基地（面积 36 公顷）所做的初步设计。之前在这块基地上，广州黄埔区的专业人员只规划了一座商用木材交易设施。这座交易所负责监管从印度尼西亚、巴西和非洲进口到中国的进口木材交易。当工作人员们看到这块基地竟然可以被利用得如此紧凑，而且基地上新的活动项目与既有的村庄以及珠江对岸的科技岛能够结合得如此和谐时，大家都感到非常惊讶。在海岸线附近，那里有足够的空间可以容纳很多具有关联性和重叠性的活动，我们设计了一个沿河广场，那里有酒店，可以通过轮渡和地铁连接到广州露天市场，以及广州新建的历史中心。这些概念性的设计图看起来很不错，它们在工作人员和政界人士之间引发了关于整合的热烈讨论，其中包括对鱼珠附近一个历史村庄的保护。正如在前一章大墩村的案例，乡村积极地融入新开发区的做法会导致生活方式的冲突。直到最近，才有学者开始展示中国的乡村和小城镇中发现的类型学过去是如何逐步演变的，以及它们在未来又会如何发展，以适应现代化的需求。

空间上的整合并不一定意味着社会的整合，但是假如村庄被保留了下来，那么对村民居住地的重新安置将会是个非常艰难的过程，如果这个问题无法回避，那么整合的速度也势必会放缓。相对较小的地块和街区结构，可以允许居民们自行改造、扩建，以及按照自己的意愿增建新的建筑物。因此，那些经济条件不太富裕的居民仍然可以选择留在原来的村庄内居住。在我们西方人看来，那些生活在鱼珠港，以船（或其他漂浮设施）为家的"水上人家"，我们在设计的时候也要将他们这个族群考虑进来。事实上，地方政府已经为社区提供了永久性的住房，其形式是布局紧密的两层建筑。在中国经常出现这样的情况，只要走上一小段路，参观者就能从现代穿越到过去，来到一个似乎与过去三十年的经济大发展毫无关联的环境中去观察周遭的人。在我们的项目团队中，一些学生都是在中国经济大发展的新时代成长起来的，他们对于那些水上人家能融入新的环境中抱持怀疑的态度。我们的中国学生所持的观点听起来有些浪漫，但似乎也合情合理，即在类似于珠江三角洲这样的多水地区，当地的原住民在汉朝华夏文明开始发源之前，就早已习惯了以水为家的生活方式。

在中国，南岭山脉以南的土地被称为岭南。穿越山脉的梅岭古道连接着珠江的北河谷。汉族现在是岭南地区人数最多的民族，但他们并不是唯一的民族。通过马克斯（R. B. Marks）的著作我们了解到，岭南地区还生活着四个民族（Marks，1998），这些民族现在都被称为少数民族。早在 1094 年被匈奴征服之前，傣族和壮

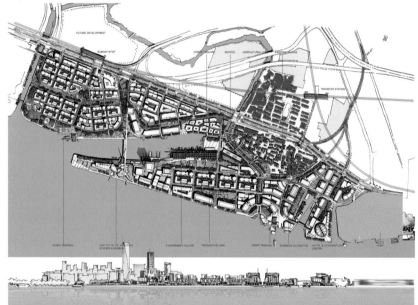

图 2.2.5

新黄埔港口。广州黄埔鱼珠港设
计 [该项目图纸由丽贝卡·芬恩
（Rebecca Finn）、达里奥·舒伦德
（Dario Schoulund）、布林达·森古
普塔（Brinda Sengupta）、雅素·塞
（Jassu Sigh）、苏帕纳特·查纳帕
芬（Supaneat Chananapfun）、 珍
妮 弗·休 斯（Jennifer Hughes）、
帕特里克·雷斯（Patrick Race）、
杰西卡·卢克（Jessica Look）、罗
宾·里德（Robin Reed）、伯·哈
林顿（Beth Harrington）、黄乔伦、
陈倩、李跃、林玉明、张振华、
谢岱斌、张磊、曹锡波、张颖宜、
刘平绘制]

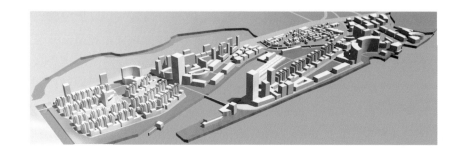

族人就已经开始种植水稻了。后来傣族人向南迁移，就形成了今天的泰国，而壮族人则留了下来，可能与雅苏（Yatsu，此为音译——译者注）港盆地遗留下来的族群同属一个民族。然而，在城市化严峻的现实中，水上人家的处境窘迫，他们很有可能会被驱赶到珠江水系八大河口之一去生活。

改造新溪

两年之后，2012—2013 年的冬天，我们又回到了广州的黄埔港区开展工作。在当时，黄埔区是广州十大行政区之一。我们的工作重点是位于珠江北江支流港口历史悠久的新溪村，它从前是一个农业村庄。有了之前大墩村逐步改造的经验，我们将新溪村的案例作为研究对象，对经济适用房政策相关的设计进行测试，如果这种模式可以被建立起来，那么就可以大大解决农民工的安置问题了，他们都需要居住在工厂附近。在我们实际处理的案例中，新溪村又是一个村民倾向于保留集体所有权的村庄，至少目前的情况是这样的。

和我们曾经工作过的其他村庄一样，新溪村的村民也只占所有常住人口的一小部分。在这个村居住着 800 名外来务工人员，他们是本地村民数量的三倍，需要向本地村民支付房租。村民们只保留了有限的耕地来种植农作物。村里种植的农产品大多都被供应给一家大型户外餐厅，这个餐厅一次可以接纳数百名客人。除了农场和餐厅以外，村民们还拥有一座旅社，村民将大部分农地都卖掉了，只保留了一小部分，而这座旅社就建在保留下来的农地上。此外，村民们还修建了一组仓库货栈，并附有小型货车运输作业的空间。虽然农场、酒店和餐厅都是切实可行的经营方式，但随着与港口相关的活动从历史悠久的黄埔港转移走之后，仓储功能就变得没有那么重要了。新溪村的位置很靠近一个新的地铁站，地铁线呈东西走向，将附近的黄埔区行政中心同广州其他地方连接了起来。未来，车站还将会进一步发展完善，再另外开通一条新的南北向线路（目前尚不存在），将新兴的科学城同广州最新建成的南站统统连接起来。

当然了，将眼光扩展到更大的区域，甚至全世界的范围，新溪村不过是在其中运作的一个微观世界。我们思考了一些宏观的趋势，而这些趋势根据新溪村所处的地理位置，也会对其产生一定的影响。黄埔区的经济结构将随着港口活动的减少，而逐步转型成为科学技术集中的研究中心，这个中心就位于新溪村以南的一个岛上。居民的家庭收入会慢慢增长，但他们对具有一定品质的住房需求却会以更快的速度增长。这两种趋势的存在，会促使该地区成为一块集中的住宅资源，专门为那些收入较低、在广州日益飙升的房地产市场没有什么选择的务工人员提供住房。

　　与此同时，中央政府通过广东省加强了环境保护的地方法规，以解决水质、废弃物处理、空气品质、车辆流通以及公共交通等问题。这些措施的执行需要投入大量的公共支出，从而使地方为那些有需求的人员积极提供住房的举措变得更加必要。

　　在个人家庭的层面，中国的年轻人和其他很多地方的年轻人一样，在结婚前就会住在一起，与其他住户共享生活空间，这样做主要是为了节省开支。人们对于由当地管理的住房解决方案的需求将会提升，而这些解决方案是否能够成功执行，在很大程度上要取决于能否实现较低的贷款利率、管理费用和土地购置成本。我们不能指望从施工成本中节省出来很多资金，但是可以适度地控制住宅单元的面积。因此，在所有的经济适用性住宅模式中，都需要对集体土地配置进行管控，与区域性的计划保持一致，并且按照计划根据收入水平确定住房需求。这样的宏观计划也有利于土地利用和公共交通之间的整合，以减少居民对私家车出行的依赖。这些计划

图 2.2.6

广州十个行政区的房价 [简图由弗兰切斯卡·弗拉索尔达蒂（Francesca Frassoldati）绘制]

会鼓励对现在尚未被充分利用的土地进行二次开发，就比如目前新溪村的仓储区就是这样的情况。

在将农业用地转变为工业用地的过程中，村民得到了补偿。以新溪村为例，1994 年城市征地，根据当时村民们种植的农作物或土地的使用状况，每公顷支付了补偿金 15 万至 20 万元。根据政府官员估计，目前的土地价值已经比当时增长了 10 倍。村民们获得的补偿金，很有可能被投资兴建了旅馆和仓库设施。显然，乡村集体是很具长远眼光的：一旦农业用地转变了使用性质，那么乡村集体就变成了"没有了土地的农民"，他们别无选择，只能寻求其他非农业的收入来源。

从个人的角度来说，村民从租金中获得了收益。他们有的直接将自己现有的生活空间出租出去，也有的在现有住宅的基础上又进行了加建；有的是水平加建，更多的是垂直加建。后一种加建的行为应该被描述为非正式的过程最为恰当，因为只需要接受村委会的监督就可以实施。

在类似于新溪村这样的村子里，如前所述，被称作"流动人口"的人数已经超过了原来的村民。然而，广东省农村登记在册的劳动人口"上浮数量"却比预计的还要更少。[3] 外出打工的农民工子女出生在父母工作的地方，他们与父母农村的老家并没有什么联系。到目前为止，像新溪村这样的村庄已经为流动人口提供了一个过渡的地方，在这里，他们虽然没有正式成为城市居民，但也已经慢慢地融入了城市的生活。通常，来自同一个家乡或地区的年龄相仿的外来务工人员会居住在同一个村庄，组建成一块二级的"飞地"，在那里，语言、食物和传统习惯都很方便共享。

现在我提议，读者朋友不要再对新溪的未来抱有任何怀疑了，因为新溪村的未来不仅包含了所有当地居民的福祉，也包含了外来务工人员的福祉。我们根本不知道村民们会做出怎样的决定，2013 年 1 月当我们在那里工作的时候，村民们似乎也不知道。相反的，我想要介绍一种假设性的情况，并且假设一定要满足一些条件，即一些人（由于经济原因）被排除在正式的房地产市场之外，但这些人却对该地区的经济发展作出了巨大的贡献，那么就一定要满足这一部分人的住房需求。[4]

目前，新溪村的仓储业用地面积为 3.8 公顷，而每平方米的地价为 4000 元人民币。我们的同事弗兰切斯卡·弗拉索尔达蒂通过将新溪村的土地与附近地区的土地进行比较而确定了地价。我们估算土地的价格不是想要出售土地，而是打算将土地作为抵押，并计算融资和抵押的成本。我们的工作团队为新溪村的仓储部分设计了两套

图 2.2.7

广州黄埔区的新溪村。
左边的地图展示了这个历史上著名村庄的现状，为典型的"梳状"结构，建在一个朝南向的斜坡上。右边的地图展示了我们提出的建议，用经济适用房取代现有的仓储建筑

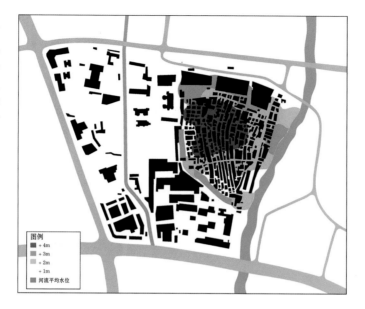

单元数 Unit Number: 796
土地覆盖率 Land Coverage: 36.6%
容积率 FAR: 1.46

备选方案。第一个设想是一种紧凑型的开发计划，共配置 623 个住宅单元，每单元 75 平方米，土地覆盖率为 29%。总建设成本预计为 9345 万元，另外还需要 1619 万元用来进行现场改善、街道、人行道、树木和可渗透性铺面的建设。计算融资成本，利率为 6.5%，15 年需支付利息 443 万元。因此，要完成该项目尚需超过 1.141 亿元的贷款，而这个金额是低于抵押品价值的，因为土地的价值为 1.52 亿元。

为了挑战极限，我们又发展出了第二套规划方案，将建筑用地的比例从之前的 29% 提高到 37%，可容纳住宅单元 879 套，建设成本为 1.3185 亿元，场地改造成本为 1340 万元。融资成本为 688 万元，同样分 15 年摊提偿还。这样计算下来，完成项目尚需 1.521 亿元的贷款，而这个数字与抵押土地的价值是比较相符的。

在密度比较低的模式下，每个住宅单元每年至少应该得到 19473 元的回报[5]，这也就是说，每个单元的月租金不得低于 1623 元。现在，问题来了：对于目前在新溪村租房居住的居民来说，他们有没有能力负担得起这样的租金？我们设计的住宅单元每套面积为 75 平方米，包含三个房间，再加上厨房和卫生间。如果三个工薪阶层的承租者获得了租住经济适用房的资格，三人分担月租金，那么他们每人每月需要支付 541 元。

对于月收入为 1200 元至 2400 元的工薪阶层来说，这样的价格可能会让他们感觉有些吃紧。在同样这个地块上，在密度比较高的模式下，可以容纳 879 个住宅单元，三个假设的承租者每个月需要负担的租金就降为了 511 元。居住密度的增加只换得了租金略微的下调，但确实变得更易于负担了。很显然，假如一名工人的月收入只能有 1200 元，那么对他来说，这 40 元的节省也不算是微不足道的。假如两个已经组建了家庭的工人合租一套住宅，他们两人的月工资加起来有 2400 元，那么就还可以拥有一个多余的房间来抚养孩子。

我们在反思珠江三角洲地区数百万工人的住房需求，这个时候，我们所构想的模式的优势就表现得很明显了。在《经济学人》（Economist）杂志上刊登的一篇文章也对这一类问题进行了相关介绍。文章中报道了深圳在集体所有制的农村土地上非法兴建的所谓"握手楼"：

> 同很多发展中国家相比，中国的城市化进程被管理得更加有序。但是，中国城市化的代价其实是很低廉的。数以亿计的农民工涌入城市，他们不仅为中国的城市建设贡献力量，还从事国家出口商品的制造。然而，这些城市却并没有采取什么措施，来欢迎或奖励这些农民工的付出。蜗居在"握手楼"里的农民工仍然是城市中的二等公民，他们中的绝大多数人都无法享受城市的医疗保险，或是让子女就读城市里的中学。他们的家随时都有可能面临拆迁。
>
> 《经济学人》，2013 年

对政策转变的需求变得更加明显了。城市的房价不断飙升，已经远远超过了农民工的承受能力。中央政府虽然鼓励在城市中兴建经济适用房（廉租房），但成效却很有限，这是因为只有当地户口的持有者才有资格申请入住。[6]

中国人民大学经济学院教授陶然表示[7]，这一问题的解决办法就存在于深圳的"握手楼"当中。政府应该在全国范围内将此类建筑合法化——允许城市周边的农村居民自行开发这一类的建筑，并将这些住宅出租给外来的务工人员——之后征收租税，以支付扩展配套服务的费用。诚然，这样的做法的确会有帮助，但我们的提案更胜一筹。我们呼吁由地方管理住房解决方案。由于以营利为主要目的的房地产开发商不可能去提供经济适用房，而国家规定的社会保障型公益住房又不能满足流动人口的需求，那么，我们就需要找到一种新的模式。

设计这样一种新的模式，在参与项目的师生中引发了广泛的讨论。我们提出，是否有可能让一群年轻的专业人士组建一个非营利性的组织，由他们来提供专业的服务，负责管理在农村的土地上兴建新住宅所涉及的财务问题。除了我们的项目所在地广州黄埔区，在其他地方，组建一个非营利性的组织，致力于建设经济适用房这一概念，吸引了很多城市规划专业学生们的关注。有了这样一个专业组织，就可以将村委会、地方产业和区政府机构联合在一起，共同形成一种模式：由村民提供土地，由企业提供财力支持为贷款担保，地方政府机构负责监督，以确保建设符合安全法规的规定。政府还会负责将配套服务扩展到新的住宅区，例如污水处理、供水供电等。

通过讨论，我们很快发现，这种模式是否可行在很大程度上要取决于是否能够获得融资。村民们集体拥有自己的土地，但是相关法律却不允许他们以土地作为抵押来获得贷款。在中国存在着一些非正式的融资体系，但很明显，这些体系都是以传统的家族网络为基础的，与目前所知印度和非洲所遵循的小额信贷结构是不同的（Turvey，2010）。

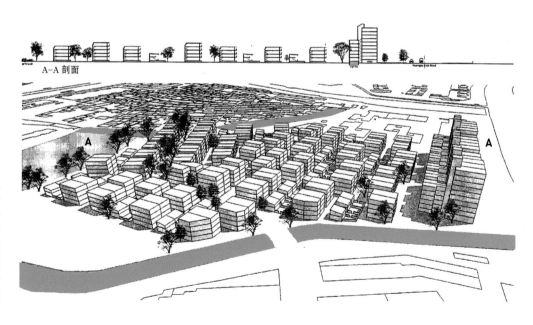

图 2.2.8

新溪村的新成员。图中背景为新溪村现状的梳状结构，前景是新增加的部分。新的新溪村，在村里的土地上兴建了 620 套经济适用性住宅。注意在剖面图中，建筑物的高度高低错落布局，这样就保证了所有的南向立面都能接受到自然的采光

图 2.2.9

新与旧的联结。这张草图所描绘
的是一条新的林荫大道，它通过
一座桥与古老的村庄相连

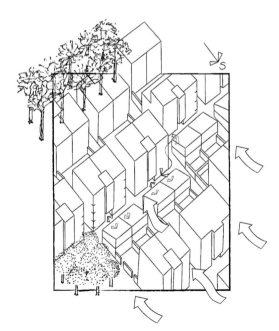

图 2.2.10

街道与小巷的公共生活。对我们来说，让居民从街道或小巷，而不是从未经设计的开
放空间进入住宅和公寓的入口，这一点是很重要的。界定街道与小巷边界的是建筑物
侧面的横断面。为了形成这样的几何造型，我们在 4 到 6 层的多层住宅南面布置了 2
层高的建筑。建筑物之间 6 米的间距界定了小巷的宽度。因此，当居民走向自家入口
的时候，就会在一个界限非常明确的空间与其他的住户碰面。中午时分，被遮蔽在树
荫里的小巷虽然狭窄但却很舒适，其宽度完全可以满足建筑间距要求，也能保证在紧
急事件时车辆的顺畅通行。除了满足功能上的需求以外，这样的空间对于入口来说，
也是足以营造出醒目特色的。我们设计的小巷宽 6 米，长 50 米。这样规模的小巷一
般可以满足容纳 40 到 50 户的社区需求。就算每个家庭中只有一个孩子，那么整个社
区也会有一大群孩子，他们可以在这条小巷上玩耍。当一个人沿着小巷漫步，走到尽
头的时候会遇到一个转弯，步入一条南北走向的小巷，但走了还不到 10 米的距离，
就会再一次转弯进入另一条 50 米长的小巷

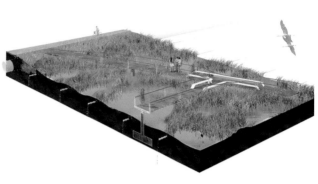

图 2.2.11

将溪流带回到新溪。正如上一章在大墩村的案例中所介绍的，要想实现村庄的逐步更新，就必须要对水系进行修复。在历史上，新溪村的位置处于两条溪流的交汇处。东面的溪流被开辟了沟渠，会受到潮汐的影响。西面的溪流经改道，引入一条新的水道。在从前的河道处，留下了很多池塘。根据现场的标高，我们创建了一份等高线地图，清楚地显示了两条溪流之间的缓坡，以及在交汇处重新连接河道的可能性 [本项目的图纸由阿拉娜·桑德斯（Alana Sanders）、金玄杨（Hyun Young Kim）、米利安·阿然诺弗（Miriam Aranoff）、本尼迪克特·汉（Benedict Han）、蔡斌、库什莫迪（Kushal Modi）、伊桑·保罗·拉文（Ethan Paul Lavine）、埃里克·詹森（Erick Jensen）、本杰明·汤森·考德威尔（Benjamin Townsend Caldwell）、鲁梅尔·桑切斯·潘加洛（Ruemel Sanchez Pangalo）、田亮、奚虎、王睿、郑建昭、徐静、贺宽、梁新宇、马文基、费杜、李新建、谢小飞、周晓兰、杨浩祥、尹世波、熊俊民、罗敏、李斌思、何善思绘制]

为了克服这种贷款的困难，在我们假想的情况下，借贷协议必须要由村委会和城区政府双方签署才能生效，如果有必要，还须得到当地产业界的担保。为中低收入家庭提供的经济适用房会兴建在一个适度但也不失体面的环境中，会符合当地制定的安全法规和规划规范，从而满足正式贷款机构接受集体土地作为抵押品的贷款条件。我们认为，一个由城市规划学院这样的大学机构建立的非营利性组织，采用集体承包制的经营模式，既可以维护集体的利益，也可以达成建造适足的住房这一公共目标。

设计新溪村的未来

虽然我们团队中的城市规划人员最关注的是经济适用房的生产，但设计人员的设计原则是为以前的村民和外来务工人员设计的时候要具有普遍适用性。在设计的过程中存在的主要挑战就是如何设计出能够构成社区的空间。中国的建筑法规对高层塔楼的间距有一定的要求，这就导致在建筑之间形成了很多非设计的开放空间：塔式或板式住宅楼的高度越高，建筑之间的非设计公共空间的尺度就越大。我们面临的挑战是如何通过建造不同高度的建筑物来提高土地覆盖率，如何降低塔楼的高度，但同时还能保持整体的高密度。

在著名的新溪村，主要街道是东西走向的，从河流一直通往农地。同其他车道相比，主要街道上的交通状况更加集中。我们设计了一座桥，横跨新溪，并且将现有的主要街道延长到了新溪村新扩建的部分。街道宽 15 米，两侧排布着 4 层和 5 层的建筑。走在这条街上，头顶上茂密的行道树树冠将街道空间清晰地界定出来。我们希望村民们在晚上闲暇的时候，能够到小桥附近或树下聚一聚。那里设有长凳，也有为孩子们跑来跑去准备的空间。

根据风水学的原理，新溪村建在一个朝南向的坡地上。穿过村子的主要道路上还有一座宗祠的遗址。八条狭窄的车道以独特的梳状结构导向山坡。目前，村庄中未经处理的污水都直接流入了潮汐水道。从建筑物屋顶和车道引下的径流则直接流入池塘。于是，这两部分水体就都被污染了。从前两条河流交汇处附近是村民们传统聚会的地方，他们喜欢在这里观看龙舟比赛。现在，已经没有人再坐在通向河道的台阶那里了。在我们提交的方案中包含了一系列的生态系统，与用来社交聚会的空间相结合，这样将使新溪村与水体重新联系起来了。人工湿地可以用来进行灰水处理，它构成了水系的主干。村庄的水系在靠近河流汇流点的地方转变为受潮汐作用影响的湿地。该系统是在重力作用下形成的。从农田流出的灌溉用水又被注入新建的鱼塘。经由鱼塘，鱼类可以使水在被释放到潮汐河道之前降低农业污染物的含量。

我们的设计饱含雄心壮志，以至于政府部门中的一些同行根本无法掩饰他们内心的怀疑。而其他一些人则报以支持性的微笑：研究理想的结果是多么有趣啊！但还是有一些人认同我们的观点，认为在新溪村这样的情况下，随着时间的推移，对既有环境进行逐步改造，或是对空间进行控制与改变，可能会比将整个村子彻底拆除更有效。通过这个项目，我们认识到那些生活拮据的人是如何生活在一起的，以及他们如何通过集体的力量和有组织的工作为社会作出巨大的贡献，正是这样的认知激发了我们的专业兴趣。

可以这样说，学生们被鼓励去大胆畅想一种有可能永远也不会实现的未来；至少，现实结果不会有它的作者所设想的那么完美。尽管如此，但清晰的设计意图在教学环节中还是非常重要的，但也并不仅仅局限于教学环节中。对现有结构的理解可能会传递出这样一种错误的信息，即认为建筑设计的品质并不重要。这样的解释一定会给人错误的引导，因为在这一类城市设计的工作中，探索性的建筑设计主要是被用作一种辅助决策的手段，可以帮助各种不同背景的人们，在一个大社会、政治和经济背景之下，更形象化地构想出专业人员们努力的结果。

注释

1 这座神庙的历史可以追溯到公元 594 年的隋朝。它标志着通往印度、阿拉伯海、埃及和地中海（the Mediterranean Sea）的海上丝绸之路的开始。

2 关于最近一次发生在珠江汇流处的洪水灾害的文章，刊登于 2010 年 5 月 24 日的《中国日报》。

3 有关广州外来务工人员生活条件的批判性讨论，请参阅 H. F. Siu（2007）。

4 关于新溪村的文章于 2014 年首次发表（Bosselmann, P., Frassoldati, F., Xu, H., Su, P., 2014）。

5 总贷款额（Total loan）× {0.065 × (1+0.065) ^15/[（1+0.065）^15]−1}。

6 中国城市人口：2000 年为 36.22%（4.591 亿）；2010 年为 49.68%（最后一次全国人口普查为 6.656 亿）。广州城市人口：2000 年 83.79%（830 万）；2010 年 83.78%（1060 万）。

7　陶然教授广泛阐述了城中村在为农民工提供住房方面所发挥的作用（Ran & Su，2013）。

参考文献

Anon., n.d. [Online] Available at: www.wordiq.com/definition/Zhuang

Bosselmann, P., Frassoldati, F., Xu, H., Su, P., 2014. Incremental transformation of a traditional village in China's Pearl River Delta. *Territorio*, Issue 71, pp. 121–129.

Economist, 2013. Some Are More Equal Than Others. *The Economist*, 1 June.

Gu, K., Tian, Y., Whitehand, J. & Whitehand, S. M., 2008. Residential building type as an evolutionary process in the Guangzhou area of China. *Urban Morphology,* 12(2), pp. 97–115.

He, S., Liu, Y. T., Wu, F. L. & Webster, C., 2010. Social groups and housing differentiation in China's urban villages: An institutional interpretation. *Housing Studies*, 25(5), pp. 671–691.

Marks, R. B., 1998. *Tigers, Rice, Silk and Silt: Environment and Economy in Late Imperial South China*. Cambridge: Cambridge University Press.

Ran, T. & Su, F., 2013. *China's road-map for reform.* [Online] Available at: www.uchicago. cn/2011/05/renmin-university-professor-tao-ran-teaches-uchicago-course-in-beijing/ [Accessed March 2014].

Siu, H. F., 2007. Grounding displacement – uncivil urban spaces in post reform China. *American Ethnologist*, May, 34(2), pp. 329–350.

Turvey, C. G., 2010. Borrowing amongst friends: The economics of informal dredit in Rural China. *China Agricultural Economic Review*, July, 2(2), pp. 133–147.

Wikipedia, n.d. *Guangzhou/weather.* [Online] [Accessed 15 August 2010].

World Port Source, n.d. *World Port Source.* [Online] Available at: www.worldwideportsource.com/ports/CHN_Port_of_Guangzhou_403php [Accessed 15 August 2010].

第3章

历史名城江门的中心区及广州琶洲岛
的城市扩张

在珠江三角洲地区快速转型的第四个十年里，那些保留了自己历史特色的地方获得了更大的价值。这是一种积极的趋势，因为对建筑和区域的保存限制了那些低收入人口的迁移，而这些人通常都是居住在城市中的历史地段。在过去的一段时间里，由于受到拆迁的威胁，农村的房租一直没有出现大幅度上涨，对于农民工和那些流动性较低的社会成员来说，仍然是可以负担得起的。这种趋势同时保存下来的还有一种生活方式，在这种生活方式中，生活与工作的融合始终是占主导地位的。最后，一旦决定要对城市结构进行修复，对建筑和城镇的保护将会降低城市扩展的需求，也会缓解自然条件的严重恶化，特别是在空气和水资源的品质方面。

自世纪之交以来，珠江三角洲地区的这些问题开始受到重视，但是由于发展变化的脚步太快，市政府需要管理应对的状况很多，所以这些问题的落实就常常被搁置了。当我们从江门这个拥有500万人口城市的规划人员那里得知，该市政府已经放弃了彻底拆除历史中心的计划，转而采取了新的策略去改善现有居民的生活品质时，我们受到了极大的鼓舞。江门的历史中心（Changai）占地93公顷，拥有居民14500名。在这里，既有的城市结构可以逐步地发生质的转变，从而展示出中国城市化进程主导模式以外的另一种新的模式。

是的，以保护江门的历史中心为例，以应对未来复杂的社会、经济和环境的发展，这可能会是一个飞跃。来自农村地区的务工人员大量涌入历史悠久的城市中心和附近的村庄，导致了环境条件的恶化：缺乏生活污水的排泄管道，还有很多擅自施工的非法建筑物垂直扩建。在江门著名的历史中心区，也同样存在着这些情况。

图 2.3.1

江门位于西江和蓬江之间 [地图由
帕特里克·韦伯（Patrick Webb）
绘制]

自然史塑造了一种文化景观

　　江门位于西江和蓬江之间冲积平原的边缘。在过去的两个世纪里，远洋船只可以逆流而上，在衙门或虎跳门两个河口航行。江门山脚下，在连接着两个河口的一条支流上，形成了一个受保护的港口，足以抵御每年夏季季风带来的洪水。在这里，接驳船在港口和河道中的货船之间来来回回地运送着货物。江门坐落位置的自然史塑造了这座城市的地理位置和人文景观。

　　在这个历史悠久的市中心区，尽管驳船活动已经基本上从河岸边消失了，但该市仍然保留着珠江三角洲地区规模第三大的内河港。1902 年，欧洲列强强迫这个内河港对国外的商人开放。于是，城市的街区就建造在了从河流中开垦出来的土地上。

在他们的设计中，与河流平行的设有骑楼的街道展现出很好的一致性。2至3层高的店铺建筑一栋挨着一栋，紧密地排列在又窄又深的地块上。这里所有的建筑都是在同一时期兴建的，那个时候，中国受到了欧美列强带来的很多新的影响。这些建筑具有殖民时期的特点。但是，江门的历史街区其实并非全部起源于殖民时代；很多街道和小巷的历史更加久远，它们的布局形式与这座城市的丘陵地形有很大的关联。

江门紧凑的历史格局之所以会受到重视和保护，原因之一与当地土地所有制的模式有关。小规模的地块划分不仅很难整合形成更容易开发的大型地块，而且很多地产的所有者现在都已经不再居住在中国，而是移民到了东南亚其他国家、澳大利亚或美洲国家。在了解了外资所有权的重要性之后，我们感到非常惊讶。为什么土

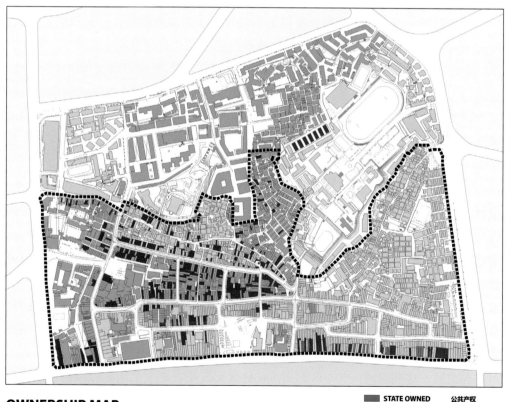

OWNERSHIP MAP
产权性质分布图

STATE OWNED 公共产权
PRIVATELY OWNED 私有产权
BOTH 混合产权
UNKNOWN 产权不明

图 2.3.2
江门的历史中心区。地图显示了所有制的形式（根据佛山市规划局的资料重新绘制的地图）

地进行重新开发的决策需要受到那些已经离开了中国的地产所有者的影响呢？嗯，这件事是很重要的。在中国的近代史中，海外华人曾起到了相当重要的作用：孙中山和他的战友曾经接受过海外华人相当多的经济援助，他们利用这些资金购买武器，推翻了清王朝的统治，并在1911年建立了中华民国。在抗日战争中，海外华侨也提供了援助。当时的中国贫困交加，正是由于来自海外的资金援助才使得很多人免受饥荒。旅居海外的华人一直都是通过他们的大家族与中国保持着密切的联系，因此当1979年中华人民共和国政府鼓励外商投资中国的工业化时，引导大量投资的也正是这些海外华人。海外华人在国内拥有的产业会受到保护，因此，那些空置的、所有权属于入了外籍的华人的建筑物，被留在国内生活的其他家庭成员出租给了外来务工人员，其中就包含那些低收入的居民，还有很多老人也继续留在江门的中心区生活。

当我们第一次走访那些需要被保留下来并逐步改善的街道、街区和建筑物时，我们了解到江门的历史中心区最需要的改变就是提高现有居民的生活品质，并认识了一定要逐步更新的重要性，我们的更新工作要与小规模的城市结构现状保持一致，也要与当地居民的经济条件相符，这些居民由于经济条件拮据，是不太可能被重新安置到其他地方居住的。虽然将配备有骑楼的商铺建筑保留下来的意见得到了当地政府的大力支持，甚至还得到了中央政府的鼓励，但要想使这些古老的建筑和街道在未来能够变得有用，而且适于居住，仍有一大堆的问题需要解决。

恪守保留历史街区的承诺，为江门市政府带来了很多工作。举例来说，图2.3.3中展示了针对各种不同的城市街区与建筑类型的设计策略。狭长的商铺建筑为了能改善其消防安全以及卫生条件，需要重新进行设计，这是一个很大的挑战。这些商铺建筑被称为竹结构，因为在两道平行的墙体之间排列着一间又一间的房间，就像是竹竿里面的竹节一样。这些建筑沿街面的面宽非常窄，而纵深却可以达到30—50米，一直贯通到街区的内部。一旦发生火灾，这些商铺就会成为一个陷阱，因为只有前面的一个出口可以逃生。在每个区块的中心点附近，背对背布局的两栋建筑物之间必须要留出足够的空间。同样，相邻的两栋背对背布局的建筑之间也要保留出足够的空间，这些空间彼此串联起来，一旦火灾发生，这些空间就可以被当作侧向逃生的通道；另外，设置在区块中央的空间还可以用作铺设污水管道的入口，并有利于改善自然通风的条件。

图 2.3.3

街区配置与街区修复地图

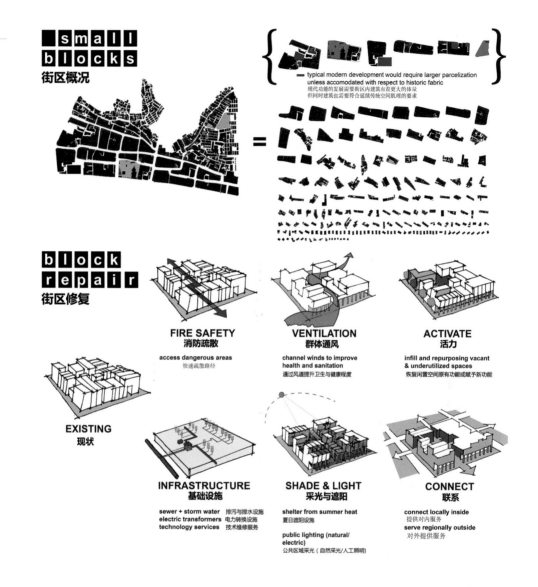

当为一些闲置地块设计填充项目的时候，如何以新的手法表现出历史的建筑形式，面对这个挑战我们乐在其中。这项工作展示了如何保护传统紧凑型的城市形态，而这种城市形态正是三角洲地区城市最典型的形态。我们的设计如果能够付诸实施，那么这种类型的工作不仅可以成为修复历史街区的范例，还可以在城市的历史中心区以外，成为新开发区块中可持续发展的一种城市形态。[1]

沿着河堤设置的漫步长廊，各个年龄层的人都会聚集在此。步行商业街的情况也是如此。在湿热的季风气候环境下，狭窄的街道却拥有良好的通风，让人们感到很舒适。明媚的阳光与树荫遮蔽的表面之间存在的热交换，为街道提供了宜人的环境通风。即便是炎热的日子里，在茂密的榕树下沿着河边漫步，人们也会感到出奇的舒服；同样，街道的骑楼也能产生这样的效果。

当然，在当代中国的现实情况是，那些有能力购买汽车的人们已经从历史住区搬迁到新开发的现代化社区去生活了。在传统的社区，街道上通行的主要还是行人、自行车和轻便摩托车，这当然不是因为这些居民更喜爱无车的生活方式。通过对居民收入、汽车拥有率和流动性的观察，引发了一个有关社会公平性的重要议题。读者朋友们可能会想，对像江门这样的历史街区进行渐进式的更新，最终获得收益的到底会是哪些人呢？对目前的居民来说，他们若想从逐步改善中获益，那就必须要保证这些改善是他们负担得起的，因为在这样一个住房和交通成本急速上涨、已经与工资收入不成比例的经济环境中，工人的工资水平是低得惊人的。要对历史建筑进行更新，使之符合当前的安全标准，就需要中央和地方政府制定法规，实施经济补贴。此外，低息贷款也是必须的，这样才能支持私人业主和事业单位对他们所拥有的建筑物进行改善。总而言之，以这种方式创造的价值，将会超过在城市的周边分散兴建很多新的住宅楼。

文中所触及的只是一个古老的故事，而这一类故事在世界不同的地方一遍又一遍地重演。起初，在郊区兴建的新的高楼大厦和现代化的住宅社区，使人满为患、卫生条件脏乱的老城区得到了舒缓。良好的采光条件，现代化的室内陈设，这些都是极具吸引力的。但是随后，社会贫困开始出现了。从 20 世纪中期开始，政府开始进行城市扩建或贫民区清拆等项目，三四十年之后，当初的这些项目也同样面临拆除，或需要进行大规模的修缮。即使是在高楼林立的地方，在地面层活动的人数也很少。大部分地面层空间存在的原因，只是因为要满足高层建筑的间距法规要求。对于人类活动来说，适宜的空间仍然缺乏；建筑物所面对的空间并不是人们需要的空间。新的建筑已经脱离了街道，或是脱离了其他高度组织化的公共空间，这种现象似乎已经不可避免。近年来，中国很多地方的城市化都在遵循这样的一种模式。大家可以想象一下，如果将来珠江三角洲地区城市新建的高层建筑群的优势受到了质疑，那么从现在起算三十年后，又会有多少建筑需要修缮呢？我们甚至可以推测，年轻的

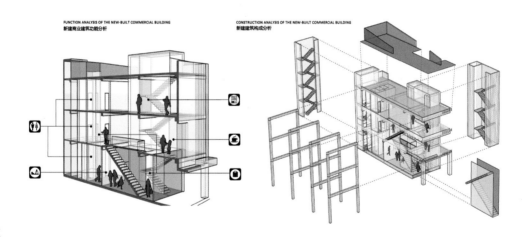

FUNCTION ANALYSIS OF THE NEW-BUILT COMMERCIAL BUILDING
新建商业建筑功能分析

CONSTRUCTION ANALYSIS OF THE NEW-BUILT COMMERCIAL BUILDING
新建建筑构成分析

图 2.3.4

以现代的手法表现历史的商铺建筑类型 [该项目的图纸由布莱恩·钱伯斯（Brian Chambers）、雨果·科罗（Hugo Corro）、理查德·克罗克特（Richard Crockett）、卡琳·古龙（Karlene Gullone）、里奥·哈蒙德（Leo Hammond）、凯利·詹内斯（Kelly Janes）、金世武、刘钦波、穆罕默德·莫宁（Mohammed Momin）、萨拉穆斯（Sarah Moos）和迪帕克·索哈内（Deepak Sohane）绘制]

一代是伴随着无处不在的数字化通信成长起来的，他们以后的生活可能就会被局限在这种设有骑楼的街区的历史建筑当中，因为在他们的生活方式中，已经不再包含为满足流动性而设计的城市这一部分内容。

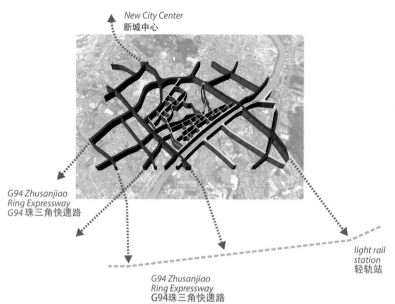

New City Center
新城中心

G94 Zhusanjiao
Ring Expressway
G94 珠三角快速路

G94 Zhusanjiao
Ring Expressway
G94 珠三角快速路

light rail
station
轻轨站

图 2.3.5
上图：细致划分的历史街道网络，以及服务于该地区、起连接作用的街道（红色）。下图：设有骑楼的商业街景观

沃尔特·格罗皮乌斯不可能知道的事情

中国的很多城市化建设都遵循着与现代运动相关的设计原则。板式与塔式高层建筑的布局方式，其实是对沃尔特·格罗皮乌斯（Walter Gropius）在 1929 年绘制的"建筑间隔图解"（Rowe，Koetter，1979，p.57）的一种错误的解读；其结果就是在建筑之间形成了很多非设计的空间。由于缺乏对人们活动的支持，所以靠近建筑物底层的城市生活变得死气沉沉。

气候变化的趋势让城市设计师们兜了个大圈子之后又回到了原地，他们不再主张宽阔的街道以及与周遭环境相脱离的建筑物，转而提倡紧凑型的城市形态。正如英国著名建筑师理查德·罗杰斯的解释：

> 紧凑型的城市——围绕着公共交通、步行和骑自行车进行开发建设——这是在环境问题上唯一一种可持续发展的城市形态。然而，要想使人口密度增加，使步行和骑自行车出行的方式尽量普及，那么城市就必须要提高公共空间的数量和品质，这些美丽的公共空间要经过精心规划，在尺度、可持续性、健康、安全和活力方面都要做到人性化。[2]

琶洲岛，广州新中央商务区的城市扩展

广州琶洲岛的开发，是中国很具代表性的城市扩展模式。琶洲岛的地理位置横跨珠江的一条分支两岸，现在属于广州市的中央商务区。这个新区是在 2010 年亚运会之前建成的。根据中国的风水学传统，一条新的轴线从北部的山脉一直向南延伸到河流的分支。这条轴线以整齐的层次顺序，将空间定义为五个主要的功能分区。在当今这个时代，人们会认为没有必要将高端的商业区同行政办公区，或滨水住宅区、科技创新区以及生态休闲区分开布局。相反，将这五种功能整合在一起的做法会更可取，因为功能与用途的交织会提升城市的档次，减少人们在各个区块之间的移动，从而塑造出更加紧凑的城市形态。而且最重要的是，这样的做法有利于节省空间。但事实上并没有。新轴线的中心为南方 600 米高的广州塔。2010 年该塔竣工以后，从塔上可以看到海心沙岛上的一个大型舞台，在亚运会的开幕式和闭幕式上，

图 2.3.6a，图 2.3.6b

在江门历史中心区的4分钟漫步。
这30幅画面描绘了在大约4分
钟的步行过程中会见到的场景。
为了能体验到运动的感觉，读者
应该将书页拿得比平时正常阅读
更靠近眼睛一些，然后沿着从底
部到顶部的方向扫过这些图片。
随着眼睛向上移动，就产生了向
前行进的感觉。就像很多寓意画
一样，上面所展示的是未来的图
景，下面展示的是过去的图景

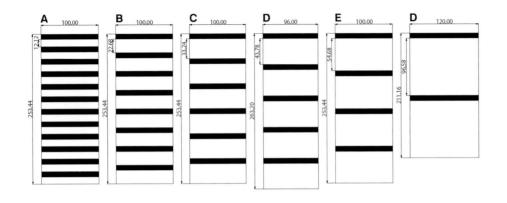

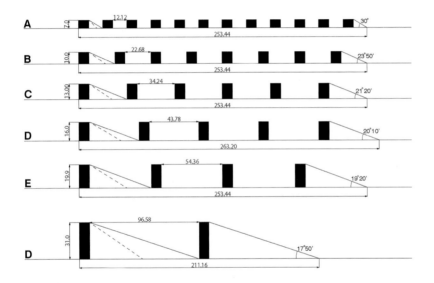

图 2.3.7

沃尔特·格罗皮乌斯：简图展示了一块长方形基地的开发，上面布置着平行排列的公寓楼。太阳的入射角度决定了建筑物之间的距离（图片来源：包豪斯档案馆，柏林）

灿烂的烟火如雨点般降落在这个舞台上。坐落于广州塔脚下的广州新歌剧院[3]也在亚运会开幕之前准时竣工了，并于2010年正式开放。

在新的轴线形成之前，琶洲岛位于北江的几条支流（被称为"南河"）之间，颇具民俗色彩。琶洲岛是珠江啤酒的工厂所在地，这个品牌的啤酒在中国十分畅销，平均每小时就可以卖出48000瓶！在琶洲岛的东面，琶洲会展中心已经建成开幕了。一年两次的广州进出口商品交易会就是在这栋体量巨大、犹如飞机库一般的建筑里举办的。在露天市场和之前的啤酒厂南面之间，琶洲岛上还有一个从前村庄的遗址。这个村庄大部分都已经被拆掉了，原来的村民都被重新安置到了几栋30层的板式高层住宅中居住。但是村里还留有一座学校，以及少数的村民仍然居住在他们的老房子里。此外，岛上还有一座由广东农业大学蔬菜科学研究所经营的农场。这个研究所就是该岛曾经作为农业用途所遗留下来的见证。这个岛地势低洼，经常遭受洪水的侵袭，所以当地农民将整个岛作为传统的农业用地使用。

市政府将琶洲岛上剩余的农地设计改造为文化与新媒体中心。这个概念很简单：广东省需要一些新型的产业；这个观点是每一位富有远见的政治家都会认同的。该地区优秀的大学培养出很多年轻的工程师，他们接受专业培训，从事新媒体的软件开发、集成技术和行销工具等工作，如此才能适应社会朝着消费者导向转变的需求。没有人清楚地知道这一类活动将会以什么样的形式进行，但规划人员认为，设置160米×160米这样宽阔的道路网，应该足够容纳各种类型的建筑了。

在美国加利福尼亚州的硅谷，与这里提到的产业类型很相似，可有关建筑配置的情况却是完全不同的：狭窄的阁楼空间，在里面办公的公司只是在玻璃门上贴一张名片而已，或是像大学校园一样的环境，即使是国际知名的大企业，他们的办公楼也毫无特色。[4] 很少有公司会像甲骨文（ORACLE）公司那样，在湖边建造一座带有

图 2.3.8

广州新轴线的鸟瞰图。图中可以看到广州塔，就位于河流的南岸。就目前的形态来看，轴线项目跨越一个位于河流北岸的小岛，之后一直向右上角的方向延伸过去（图片来源：谷歌地图，2015 年10 月）

图 2.3.9

琶洲岛的形态。由上至下：

第一图：历史地图，图中显示了四条东西走向的运河，洪水过后，从岛上抽出来的水就会被排放到运河当中，而且需要的时候，农民们也会从运河中取水进行农业灌溉。另外，地图中还显示了在河流整治之前琶洲岛北岸的状况。

第二图：1970 年，琶洲岛仍然主要用于农业生产。

第三图：2000 年，珠江沿岸的河堤被重新翻修，修建了新的堤坝，并为私人融资建设的华南高速公路修建了一座新的立交桥。兴建了一条新的东西走向的道路，名为新港路，并对古老的琶洲村进行了重新安置。

第四图：2010 年，第二座横跨珠江的高速公路桥在亚运会开幕之前竣工。

第五图：2015 年，之前啤酒厂的地块上，大型啤酒花窖厂和装瓶厂被拆除。在从前的农地上铺设了 160 米 × 160 米规则的道路网，用来开发文化与新媒体中心。原有的三条运河被废弃了。开凿了一条新的运河。另外规划增设两条地铁线路，为新的开发区服务

1937 年的场地区域

1970 年的场地区域

2000 年的场地区域

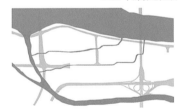

2014 年的场地区域

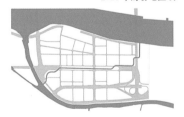

2015 年拟定总体规划中的场地区域

户外喷泉的豪华大楼。在硅谷，甲骨文这样的公司是很少见的，更常见的是像前面那一类很低调的公司。新技术是一个非常不稳定的产业，它时而需要扩张，时而需要收缩，不断地发生变化。可以预测的是，每个人都将会越来越依赖于新技术的服务。在琶洲岛，当原来啤酒厂的不锈钢货架、钢制集装箱和传送带都被拆除清运之后，将装瓶工厂和发酵工厂保留下来或许是更好的做法。新的技术也可以在传统办公大楼里运作，但那里却不是它可以蓬勃发展的地方。在琶洲岛的总体规划中，并没有考虑将从前啤酒厂的建筑保留下来。2015 年，一家电信公司拿下了一个 160 米 × 160 米的地块，就在这样一个大尺度的地块上建造了一栋传统的办公大楼。建筑物整整齐齐地摆放在基地的中央，四周留下了很多未经设计的开放空间。

要想适应一种新的城市扩张模式，就要重新思考那些会从根本上影响城市的形态以及工人们——他们现在都居住在这些高层塔楼里——生活方式的决定。例如，我们应该鼓励生活与工作的融合。在我们进行了方案介绍之后，一位政府官员说："并没有法规禁止我们在这些新的地块上兴建住宅……我们就应该这么做，这样就可以减少上班族的通勤距离。"宽阔的街道，每隔 160 米就会遇到一个十字路口，这样的场景会令行人望而生畏。兴建了总部办公大楼的电信公司不允许行人穿越他们公司的地块，而将来，其他的公司也会推出这样的规定。最好是沿着基地的周边都设置上关卡。街道是专为汽车通行设计的，想要步行穿越街道相当艰难，如果没有乘车，这样宽阔的街道就变成了其他出行方式的障碍。相较之下，更小一些的街区反而可以满足多种

不同的需求，例如将居住空间与工作空间整合在一起，设计更多的街道，可以方便行人和骑自行车的人使用的街道，这才是解决之道。

适应一种新的城市形态要从更基本的层面开始。从字面上看，我们应该从珠江的地下水位问题开始入手。拆除过程中产生的很多杂物残骸都被丢弃在琶洲地势低洼的农田里，但是随着未来不具备渗透性的铺面材料使用得越来越多，大雨过后这些农田就有可能被淹没，或者在涨潮的时候，以及河道流量增加的时候，这些农田都有可能被淹没。最糟糕的极端情况是，上述的暴雨、涨潮以及径流增加这三种情况同时发生。

未来，针对这些标高仅比相邻河流水平面高出 1 米的低洼农地，我们应该将其设计成像海绵一样具有吸水性的储水区。由于岛上兴建的道路和建筑物封闭了土壤

图 2.3.10

在我们提交的方案中，要对琶洲岛上可供开发的土地进行更精细的区块划分，促进居住、工作和娱乐功能的整合

西江前岸　　　运河前岸开发　　　湖滨开发　　　提出的保留区

SCALE 1:3000

滨水西岸现状剖面图

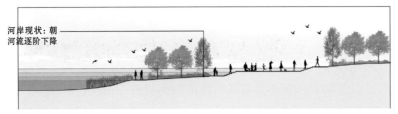

河岸现状：朝
河流逐阶下降

滨水西岸提案剖面图

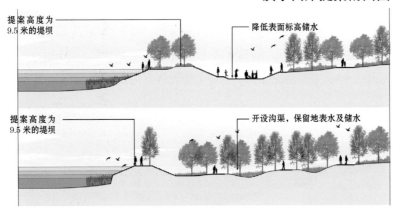

提案高度为
9.5 米的堤坝

降低表面标高储水

提案高度为
9.5 米的堤坝

开设沟渠，保留地表水及储水

河岸：湖滨开发

图 2.3.11

第一图：剖面图显示了琶洲岛的低洼地带，其历史海拔高度与预计的洪水溢流水位是持平的。

第二图：一座新建的高度为 9.5 米的堤坝，可以保护沿河 / 运河的土地免受洪水的侵袭。

第三图：低洼地带的地表设计，是为了能将径流水储存起来。

第四图：管理池塘，保留地表水

图 2.3.12

对比开发前的状况以及依 2015 年总体规划提出的方案开发后的状况，所进行的蓄水计算。河床的底部标高为海平面以上 3 米，而琶洲岛的珠江地下水位标高经测量为 6.3 米。岛上的地面标高为海平面以上 7.5 米。计划开发的基地面积约为 200 公顷，其中有 46 公顷的土地在开发之前是不具备渗透功能的，开发之后，不具备渗透功能的土地面积将增加到 98 公顷。考虑到若出现类似于 2010 年 9 月 10 日那样规模的降雨，当时的降雨量为 202.5 毫米，未经开发地区的积水量经测算为 93.150 立方米。随着新项目的兴建，该地区的积水量将会增加到 180.000 立方米

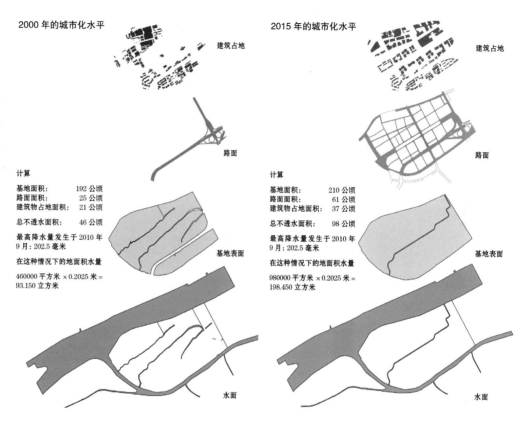

2000 年的城市化水平

建筑占地

路面

计算

基地面积：	192 公顷
路面面积：	25 公顷
建筑物占地面积：	21 公顷
总不透水面积：	**46 公顷**

最高降水量发生于 2010 年 9 月：202.5 毫米

在这种情况下的地面积水量

460000 平方米 × 0.2025 米 ＝
93.150 立方米

基地表面

水面

2015 年的城市化水平

建筑占地

路面

计算

基地面积：	210 公顷
路面面积：	61 公顷
建筑物占地面积：	37 公顷
总不透水面积：	**98 公顷**

最高降水量发生于 2010 年 9 月：202.5 毫米

在这种情况下的地面积水量

980000 平方米 × 0.2025 米 ＝
198.450 立方米

基地表面

水面

的表面，使其失去了渗透性，所以我们非常需要储水区。相关工作就从计算需要的储水区面积开始。大多数的变量都是已知的，其他的变量会遵循关于降水、潮汐运动和河流流量等合理的假设。目前仅存的两个湖泊需要被保留下来，因为它们将会被用作有专人管理的池塘，大雨过后可以储存雨水。农业研究所的低洼地也应该继续保持其低洼的状态，将其作为季节性湿地。不久的将来，农业研究所可能会搬离琶洲岛，但这块土地仍然可以用来储水，或是在干旱的季节也可以用作休闲娱乐场所。目前尚存的运河系统也需要用来储水，或是洪水过后用于排水。图 2.3.12 展示了我们为了了解储水所需要的土地面积以及设计排水系统所做的计算。

　　岛上新铺设的道路下面需要容纳相当数量的大管径管道。道路的旁边，我们会对这些长条状的土地进行设计，使之具备吸水能力，并在雨水溢出的时候可以连接到地下的排水管道。

与水共存——未来的战略

当中国人第一次来到我们所说的珠江三角洲时，这个地区还不是三角洲，而是一片大海。广州建城初期，就坐落于这片辽阔的内海之滨。起初，地形地貌的改变是非常缓慢的，但是到了宋朝末年（960—1279 年）和清朝晚期，变化就相当明显了。现在的三角洲可以被描述为一片辽阔的碗状内海，其中包含很多浅水和小岛群。农业活动和早期西江沿岸的治水工程改变了河流沉积物的渠道。这些沉积物首先形成了沙洲，之后又逐渐形成了贯通的海岸线，最终形成了八个河口。但是，这样的地形地貌是从清朝（1644—1911 年）才开始形成的。

由上海海岸研究重点实验室、香港气象台，以及香港科技大学大气、海洋海岸环境规划项目组制作的模型，预测了未来三角洲地区将会遭到洪水的淹没，而这种状况在历史上是时常发生的。和世界上其他地方一样，该地区的科学家们自 2007年起，在联合国政府间气候变化专门委员会（Intergovernmental Panel on Climate Change）第四次评估报告中阐述了他们的预测。[5] 专家组预测，由于水分子受热膨胀，在 21 世纪剩余的这些年间，海平面将会上升 0.41 米。用物理学来解释这一现象是很有道理的；它们都与全球海洋水温上升有一定的关联。除此之外，专家组还预测冰川——或者也可以叫作"高山冰川"——将会消融，而这一现象会使海平面再上升 0.17米。最后，就是格陵兰（Greenland）冰盾——或者也可以叫作"大陆冰川"——也将会消融，这一现象又会使海平面再上升 0.17 米，但有关这一点的预测还有待进一步确认。目前，针对这些预测有很多讨论，其焦点就是这些预测的不确定性。该专家组在 2007 年得出结论，认为海平面总上升幅度将会达到 0.59 米。但是，今天的科学家们一致认为这样的预测结果还是相对保守的，事实上两极冰盖的融化速度将会更快，因此海平面上升的速度也将会比预测的更高、更快。

可能正是由于海平面上升的速度非常缓慢，所以导致了本书中所提到的三种情况相关的政策制定者和决策者还在如此自满。在香港，根据维多利亚港观测台的测量显示，海平面每年的上升高度仅有 2.6 毫米，距该监测站 1954 年建成以来，仅上升了 14 厘米（Lee & Woo，2010）。但这里所说的都是在稳定条件下所测量到的数据。近年来，有一个现象是更值得注意并令人担忧的，那就是极端风暴的发生频率变得更多了。这些风暴潮是由热带地区或热带以外的台风所引起的，而它们发生的频率

图 2.3.13

在街道下面和河岸边保留储水空间。图纸所展示的是比例更精细的街区模式，在这种模式中，鼓励将工作场所与居住功能更好地整合在一起，从而降低人们对乘车通勤的需求，并且鼓励步行出行 [该项目图纸由贾斯汀·凯南（Justin Kearnan）、戴维·库克（David Cooke）、张慧一、杨楚伟、丁颖、杨浩辰、蔡兴玲、肯·广濑（Ken Hirose）、卡索纳·坎贝尔（Cacena Cambell）、胡一虎、吴军喜、姚泽月、应宜宁、陈碧林、洛林·伯格斯（Lolein Bergers）、斯蒂芬妮·布鲁卡特（Stephanie Brucart）、卡特琳娜·奥特齐江·荷文（Katrina OrtizJiang Hewen）、李晨雪、沈欣欣、徐翔、张敖、亚当·莫林斯基（Adam Molinski）、伊甸·费里（Eden Ferry）、卡琳·华雷斯（Kaleen Juarez）和凯文·伦哈特（Kevin Lenhart）绘制]

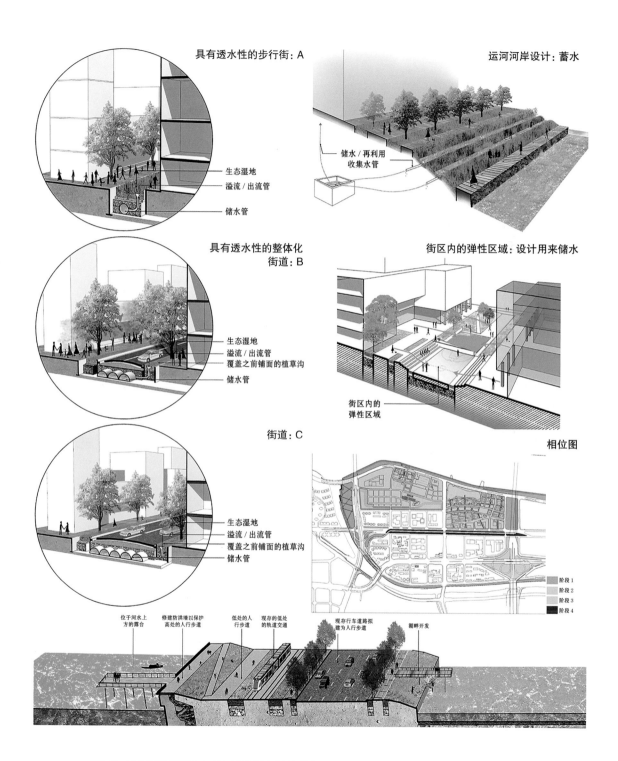

具有透水性的步行街：A

运河河岸设计：蓄水

生态湿地
溢流 / 出流管
储水管

储水 / 再利用
收集水管

具有透水性的整体化
街道：B

街区内的弹性区域：设计用来储水

生态湿地
溢流 / 出流管
覆盖之前铺面的植草沟
储水管

街区内的
弹性区域

街道：C

相位图

生态湿地
溢流 / 出流管
覆盖之前铺面的植草沟
储水管

阶段1
阶段2
阶段3
阶段4

位于河水上
方的露台

修建防洪墙以保护
高处的人行步道

低处的人
行步道

现存的低处
的轨道交通

现存行车道路拟
建为人行步道

潮畔开发

第 3 章　历史名城江门的中心区及广州琶洲岛的城市扩张

图 2.3.14

琶洲岛鸟瞰图（图片来源：谷歌
地图，琶洲岛，2015 年 12 月）

与强度的增加与全球暖化存在着一定的关联。目前，平均每年会发生六次热带台风。
而热带台风的发生，会使海平面上升 0.5 米至 1.0 米。在极端条件下，如果台风恰好与
大气涨潮（每个月两次）同时发生，那么就会引起海平面上升 3 米甚至更多。2009 年，
当"巨爵"（Koppu）台风抵达香港的时候，就发生了这样的灾难。而在"巨爵"台
风发生的一年之前，当"黑格比"（Hagupit）台风于 2008 年 9 月 24 日抵达香港附近
的海岸时，海面形成了 3.96 米的大浪。这两次事件都造成了沿海地区大面积的洪灾。
而这样规模的洪灾被认为是百年一遇的特大灾难，这就意味着它们发生的频率应该
是一百年一次。现在，每二十年就会发生一次会导致海平面上升 340 厘米的大洪水。
在 2009 年的"巨爵"台风和 2008 年的"黑格比"台风之前，1983 年还曾发生过的
"爱伦"（Ellen）台风，以及 1962 年 9 月 1 日最恶名昭著的"温黛"（Wanda）台风。

图 2.3.15

2015 年珠江三角洲地区的城市
化进程。这两个叠加在广州和香
港上的正方形框架，长 50 公里，
宽 50 公里

现有海平面

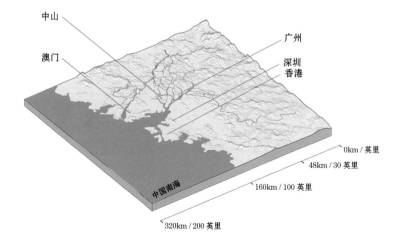

中山
澳门
广州
深圳
香港
中国南海

0km / 英里
48km / 30 英里
160km / 100 英里
320km / 200 英里

图 2.3.16

珠江三角洲地区的地形图，其中
垂直向的高度被放大了 20 倍 [地
图由库什·拉查瓦尼（Kushal
Lachhawani）绘制]

在对海平面上升情况进行预测的时候，还有一个变量是需要考虑的。与其他的河流三角洲地区一样，珠江三角洲也一直都存在着地质沉降的问题。一个科学家团队利用逆向合成孔径雷达技术（interfero-metric synthesis aperture radar，简称 ISAR），对深圳附近沿海地区的沉降情况进行了测量，测量位置距离海岸 500 米，预估每年的沉降值为 2.5 毫米至 6.0 毫米。这样的数值看起来很小，甚至微不足道，但它们是具有累加效果的。所以，考虑到地层下陷以及海岸沉积物的堆积等综合影响，目前的预测是，到 2030 年，海平面将会上升 30 厘米。每年会有 8636 万吨的淤泥沉积在海岸线地区，这会导致海岸线持续向南推进，一直进入南海海域。如果可以设置水平屏障，那么它们就可以通过减缓风暴潮的力量，来达到保护河口海岸线的目的。

应对气候变化需要有长远的眼光。应对措施需要针对整个三角洲地区进行设计，但重要的一点是，应对措施要根据当地的具体情况进行调整。一整套标准的城市化模式显然是不再能行得通了。所有的新建设，无论是对既有城镇和农村的修复，还是全新的城市扩展，都需要把对水资源的管理作为首要考虑的问题。目前预测，到 2030 年，在珠江三角洲地区 17200 平方公里的总面积当中，将会有 42% 的土地被洪水淹没（还有其他单位的预测数字比这更高）。其中受影响最为严重的区域是低于平均海平面 0.7 米至 0.9 米的低洼平原，以及高于海平面 1.0 米的稍高一些的平原。正如我们在前几章中所看到的，很多低收入的群体都居住在这些地势低洼的地区。在这些地方，城市化的战略需要解决这一大批人口的安置问题，要找到一种方式，既能确保安全与宜居，还要让他们能够负担得起。

珠江三角洲面积 17200 平方公里，现有居民超过 1 亿人，为了防止专家预测的 42% 的土地被洪水淹没这种情况出现，政府将会采取大量措施。改造是不可比避免的，它们会持续地对城市形态产生影响。之所以需要进行改造，不仅是因为要应对海平面上升的状况，以及三角洲地区广阔的海岸线上爆发越来越频繁的洪水灾害，还源自三角洲上游流域的洪水危险。由于西江河道的纵向坡度很小，只有 0.0023%，所以在涨潮的时候海水会深入内陆地区，甚至灌入农田。而且，在强降雨期间，涨潮和洪水也会阻塞泄水渠的顺畅运作。与水共生的大环境，使得珠江三角洲地区的社区需要更多的储水区域，以及相互贯通的运河系统，这些系统可以将水暂时储存起来，当积累到一定量时，就会在重力的作用下排放出去。因此，我们在这个地区所有讨论的项目中，都会涉及水资源管理战略以及对城市化的改进这些议题。

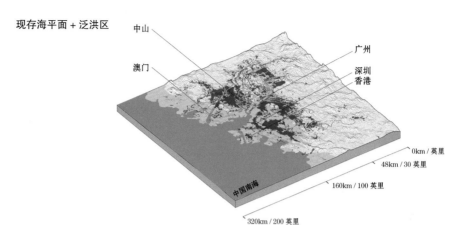

现存海平面 + 泛洪区

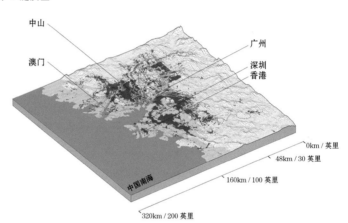

1m/39 英寸　海平面 + 泛洪区

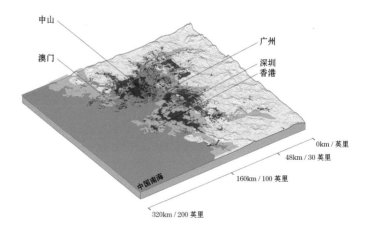

6m/236 英寸　海平面 + 泛洪区

注释

1 蕾妮·周（Renee Chow，美国加利福尼亚大学伯克利分校环境设计学院教授——译者注）对这里所描述的建筑风格进行了模仿。

2 引自理查德·罗杰斯为扬·盖尔（Jan Gehl）的著作撰写的序言。

3 由伊拉克裔英国女建筑师扎哈·哈迪德（Zaha Hadid）设计。

4 我想到了谷歌和脸书（Facebook）的校园。

5 联合国政府间气候变化专门委员会（Intergovernmental Panel on Climate Change）（Solomon et al.，2007）。

参考文献

Chow, R., 2015. *Changing Chinese Cities: The Potential of Field Urbanism*. Honolulu: U. of Hawaii Press.

Gehl, J., 2010. *Cities for People*. Washington DC: Island Press.

Huang, Z., Zong, Y. & Zhang, W., 2004. Coastal inundation due to sea level rise in the Pearl River Delta. *Natural Hazards*, 33(2), pp. 247–264.

Lee, W. T. W. & Woo, W., 2010. *Sea-level Rise and Storm Surge–Impacts of Climate Change on Hong Kong*. Hong Kong, Hong Kong Observatory, pp. 1–8.

Rowe, C. & Koetter, F., 1979. *Collage City*. Cambridge, MA: MIT Press.

Solomon, S. et al., eds, 2007. *Contribution of Working Group I to the Fourth Assessment Report of the Intergovernmental Panel on Climate Change*. Cambridge, UK & New York, USA: Cambridge University Press.

Wang, H., 2012. NSAR reveals coastal subsidence in the Pearl River Delta, China. *Geophysical Journal International, Oxford Journals*, 91(3), pp. 1119–1128.

Weng, Q., 2007. A historical perspective of river basin management in the Pearl River Delta. *Journal of Environmental Management*, 85(4), pp. 1048–1062.

Wong, A., Lau, A. & Gray, J., 2007. *Impact of Sea Level Rise on Storm Surge in Hong Kong and Pearl River Delta*. [Online] Available at: www.hkccf.org/download/iccc2007/31May/S6B/Agnes WONG/... [Accessed 27 February 2017].

第 3 部分 | 荷兰三角洲

　　著名法国历史学家费尔南德·布罗代尔（Fernand Braudel，1996）曾经以山脉作为开篇，讲述了地中海环境发展历史。类似地，本章在开始讲述莱茵河 – 马斯河 – 斯海尔德河（Rhine-Maas-Scheldt）三角洲地区环境的时候，也涉及了一些有关山脉的话题。这也许会令不少读者感到疑惑，因为荷兰境内最高海拔仅为 322 米，位于国家的最南端。但是，山脉具有地质学与历史学的双重意义，以山脉为起点进行研究可以让我们从不同的视角对低地国家进行解读。特别是对于荷兰三角洲（The Dutch Delta）地区，周围几座山脉的存在是尤为重要的。瑞士境内的阿尔卑斯山脉（Grion Alps）号称"欧洲之巅"，莱茵河、多瑙河（Danube）和波河（Po Rivers）都发源于此。其中，莱茵河发源于海拔 2645 米的皮兹朗金（Piz Lunghin）峰，其附近的塞普蒂默山口（Septimer Pass），是翻越阿尔卑斯山的重要通道。在古代，这条通道被认为是连接欧洲南部地中海（Mediterranean）和北部莱茵河流域（Rhine Valley）之间的纽带。罗马人和威尼斯商人对这条通道的使用非常广泛，甚至超过了当今很多著名的贸易通道。越过了阿尔卑斯山脉群中的阿尔布拉山脉（Albula Range）之后，一条沿着莱茵河上游流域的路线便显现出来，这是一条通向低地国家的路线。

　　在讲述莱茵河 – 马斯河 – 斯海尔德河三角洲地区（the Rhine-Maas-Scheldt Delta）环境问题的时候，以山脉作为开篇还有另外一个很好的理由，那就是山脉可以帮助确定三角洲河流的年代。马斯河，在法国和比利时也被称为默兹河（Meuse），是世界上最古老的河流之一（Nienhuis，2008），距今已有 3.8 亿年的历史；莱茵河排名第六，拥有 2.4 亿年的历史。地质学家认为，马斯河的历史甚至比它流经的阿登高地（Ardennes）历史还要悠久，这就意味着地壳隆起的时候（这一剧变发生在海西期），河流还会继续沿着它的路径流动，从而对地形进行切割。对于莱茵河而言，其周围的山脉被普遍认为是在三叠纪时期（Triassic age）形成，但地质学家对这一推测并

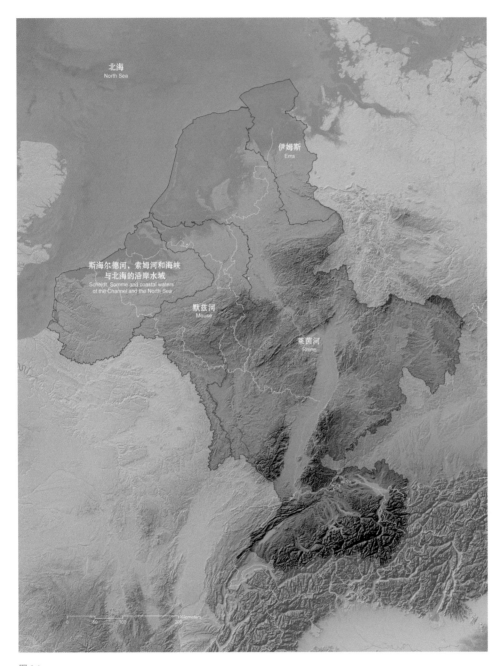

图 3.1

莱茵河 – 马斯河 – 斯海尔德河流域地区。地图中还包含了东部的伊姆斯河（the Ems River）流域 [地图由代尔夫特理工大学（TU Delft）的波德洛伊亨（M.T. Pouderoijen）提供]

图 3.2

荷兰卫星地图（图片来源：http://geodus.com）

没有十足的把握，因为莱茵河中游地区的形成时间仅比阿登高地稍晚一些。因此，莱茵河的形成时间很可能比目前认为的更加久远。言归正传，为什么在一本关于城市形态的书中，要对山脉和河流的年代进行观察和剖析？从河流动力学的观点来看（Mann，1973），水在地球的演化史中起到了至关重要的作用，文明的起源、人类的迁徙与城市的兴建，皆离不开河流，但同时也埋下了隐患。

在本书中，我使用"低地国家"（Low Countries）这个术语来描述荷兰北部和西部地区，这些地区地势很少高于海平面，甚至很多地方明显低于海平面。此外，"低地国家"还包含了比利时的部分地区和德国的东弗里斯兰省（East-Friesland）。

"荷兰"（Holland）这个词具有政治上的意义，特指北荷兰和南荷兰两个省份，这两个省也是组成今日尼德兰（Netherlands，尼德兰实行联邦制，而荷兰是其中最大的联邦——译者注）的十二个省份中的两个。历史上谈到"荷兰"的时候，一般指的是荷兰的领地。而尼德兰则是近代才出现的新名称，是在 1815 年拿破仑战争以后作为独立王国建立的国家。尼德兰最初包含了比利时（Belgium）和卢森堡（Luxemburg），直到 1830 年之后才有了如今的边界线。在被法国占领之前（1795—1813 年），在西班牙哈布斯堡王朝（Spanish Habsburgs）被推翻之后（1579 年），一个包含七个省份的联盟在乌得勒支（Utrecht）得以确立；这个新成立的国家在 1646 年的《明斯特条约》（treaty of Münster）中被国际社会承认为共和国，在英语世界中被称为荷兰共和国（the Dutch Republic），或联省共和国（the Seven United Provinces）（Prak，2010）。

"兰斯塔德"（Randstad）一词是在 1968 年由城市规划人员创造出来的。这一术语描述了城市化地区的多中心形式，在这里，诸如阿姆斯特丹（Amsterdam）、哈勒姆（Harlem）、莱顿（Leiden）、海牙（The Hague）、代尔夫特（Delft）、鹿特丹（Rotterdam）、多德雷赫特（Dordrecht）、乌得勒支（Utrecht）等城市，以及一些小型的社区聚落，都围绕着一个绿色核心形成一个城市环。最后，"三角洲"（delta）这一术语的定义是符合地质学推理的。为了达成本书的写作目的，我使用了"荷兰三角洲"（Dutch Delta）这一术语，来描述莱茵河、马斯河和斯海尔德河的河口地区，以及从东北部的艾瑟尔河（IJssel）到西南部的西斯海尔德河（Western Scheldt）之间的大盆地。

参考文献

Braudel, F., 1996. *The Mediterranean and the Mediterranean World in the Time of Phillip II.* Berkeley: University of California Press.

Mann, R., 1973. *Rivers in the City.* New York: Praeger.

Nienhuis, P., 2008. *Environmental History of the Rhine–Meuse Delta: An Ecological Story on Evolving Human–environmental Relations Coping with Climate Change and Sea-level Rise.* Dordrecht: Springer Netherlands.

Prak, S., 2010. The Dutch Republic as a bourgeois society. *BMGN Low Countries Historical Review,* 125(2/3), pp. 107–139.

第1章

荷兰三角洲的形成

13万年前，在萨埃尔冰期（the Saalian Glaciation）后期，地球上很大一部分表面都被冰层覆盖，在厚厚的冰层之下，北欧地区由南向北的河流逐渐干涸消失，并开始形成低地国家的陆地和三角洲。

大河

在阿纳姆市（Arnhem）和奈梅亨市（Nijmegen）之间，莱茵河分成了数条支流。其中，位于最北端的艾瑟尔河水，流入艾瑟尔湖（IJsselmeer）；按逆时针方向，接下来是下莱茵河（the Lower Rhine），在乌得勒支（Utrecht）附近分流，汇入蜿蜒的莱茵河（the Crooked Rhine，位于荷兰中部的乌得勒支市，荷兰语名为"Kromme Rijn"——译者注）；继而是古莱茵河（the Old Rhine），在莱顿（Leiden）附近汇入北海（the North Sea）。在乌得勒支，莱茵河与维赫特河（the Vecht）交汇，而维赫特河又在阿姆斯特丹附近与艾湖（IJmeer）相连。在奈梅亨市以东，莱茵河的大部分支流都向西流经瓦尔河（the Waal）。从那里为起点，瓦尔河与马斯河并行流淌，并最终交汇在一起，通过内德尔·赖恩河（the Neder Rijn）、莱克河（the Lek）、古马斯河、默维德河（the Merwede），形成共同的出海口。在莱茵河众多的支流中，还有一条叫作荷兰艾瑟尔河（Hollandsche IJssel），它与前面提到的艾瑟尔河（IJssel）不是同一条。斯海尔德河（the Scheldt）发源于法国，从南部汇入荷兰三角洲。此外，这个地区还有大量的运河，它们纵横交错，与河流编织成一体。由河流、运河和支流构成的水系庞大而复杂，随着世纪的更迭不断的演化。

莱茵河和马斯河的总流量呈季节性变化。在过去的五十年间，莱茵河在荷兰与德国交界处的平均流量为2200立方米/秒。莱茵河的水源包括自然降水和雪融水，每年有两个不同的排水高峰，分别在一二月间和六七月间。莱茵河的最低流量发生在 10 月份，平均流量约为 1600 立方米 / 秒（Van de Ven，1993）。荷兰 – 德国边境地区测量到的河流最高流量为 1.3 万立方米 / 秒，出现在 1926 年 1 月份。当时，河水的水位线比平时高出了 6 米。[1] 马斯河的流量很小，平均只有 250 立方米 / 秒，但因为它流经阿登高地（the Ardennes），那里的花岗岩吸水率极低，导致马斯河水位经常骤然升高，这样的现象给人们造成了很大困扰，马斯河也因此臭名昭著。直到最近，荷兰三角洲上游的几个国家才获得了对莱茵河、马斯河和斯海尔德河的水质和流量

图 3.1.1
河流、河口和文中命名之处的平面图。深蓝色区海拔低于 10 米 [史蒂芬·奈豪斯（Steffen Nijhuis）绘制]

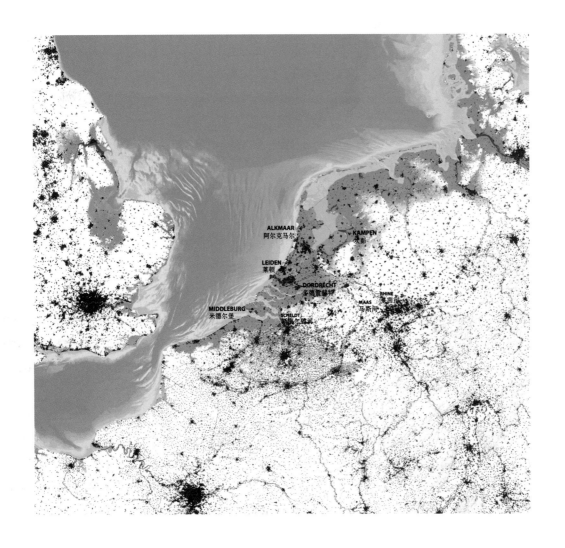

　　　　　　第 3 部分　荷兰三角洲

的监测权（欧盟指令，2000/60/EC，2000）。

几个世纪以来，河流的路径不断地发生着变化，遍布各个低地国家。原有的支流淤塞，新的河床便会产生，这些河床围绕着冰川冰碛，并且穿越过海岸的沙丘屏障。漫长的冰河时代使这块土地的表面覆盖着大面积质地紧密的黏土。受气候变暖和大量地表水的影响，海岸沙丘和冰碛之间的土地表面开始被茂密的植被覆盖。沿着溪流，矿藏促进树木的生长，最终形成林地景观。随着河流、小溪和沼泽的形态不断变化，林地景观的形态和组成也不断发生着变化。腐朽的植物材料堆叠，形成一层又一层的泥炭，根据泥炭层中的植物材料组成可以看出，升高的泥炭沼泽区下面是芦苇和莎草形成泥炭，再往下是紧实的泥砾。

由于这一过程，大约在公元 100 年，这些位于沙丘屏障后面的低地国家西部，被大片的泥炭沼地覆盖，且这些泥炭沼地比海平面和河流水位高出数米。随后的几个世纪，气候变化引起海平面上升。从公元 300 年至 800 年，持续上升的海平面冲破了马斯河和莱茵河河口的沙丘屏障，撕开了泥炭沉积物的入口，沉积物开始排向大海，剩余的沉积物也被海相黏土覆盖起来。自此，现代海岸线和三角洲的轮廓开始显现（Nienhuis，2008，p.30）。在这一时期，新海岸口的牵引改变了莱茵河的水系格局，使其由北向西穿过瓦尔河，形成了马斯 - 莱茵 - 斯海尔德河三角洲。

从 12 世纪开始，河流失去了编织河床的自由。无处不在的大坝和船闸，数不清的泵站和堰，把荷兰变成了一个巨大的"控制面板"。我们不可否认，如何管控河流、湖泊、河口和运河直接影响着人类聚集区的命运。一旦失去控制，城镇和村庄就会如同西兰岛（Zealand，丹麦最大的岛——译者注）和北荷兰（North Holland，位于荷兰西北部的一个省，境内超过一半的地区低于海平面——译者注）一样被海浪吞噬（Meyer et al.，2010），消失在茫茫大海里。[2]

现在，阿纳姆附近的一个控制站用某种高度复杂的方式控制着莱茵河的水量分配。每年，莱茵河的水流一部分会以每秒 285 立方米的速度进入莱茵河的前北支流——艾瑟尔河（尽管人们对艾瑟尔河是否曾经是莱茵河的支流存在争议），一部分以每秒 25 立方米的速度进入古莱茵河，其余部分通过瓦尔河、默维德河（the Merwede）以及鹿特丹和霍克范霍兰德（Hook van Holland）之间的新航道（the New Waterway）流入北海。阿纳姆的控制站将足够的水引至艾瑟尔湖进行储存，以防止咸水入侵，同时保证行船的水位高度，尤其是北海运河（the North Sea Canal，位于

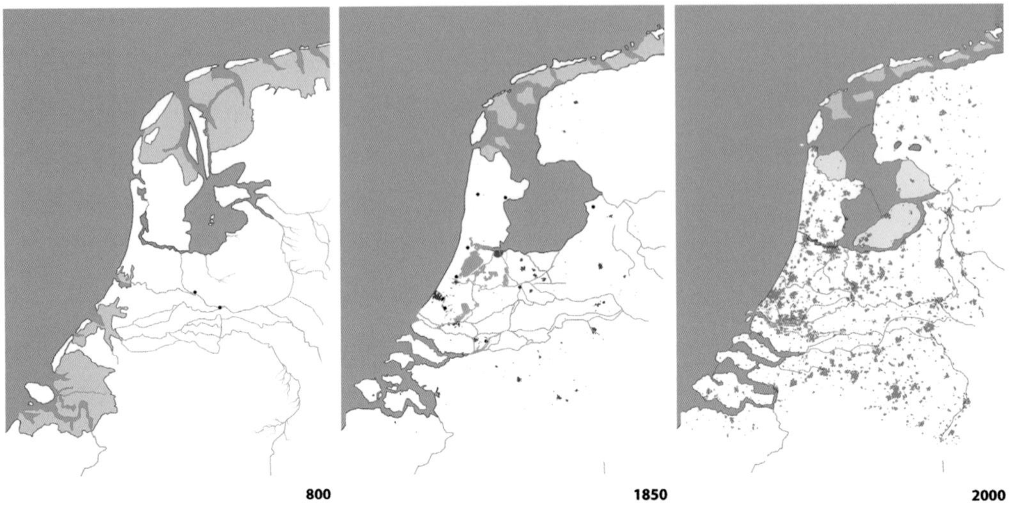

图 3.1.2
荷兰海岸线和河流系统。大约
公元 800 年: 弗莱沃拉克斯和
阿尔梅尔湖(左);大约 1850 年:
须得海（中）; 2000 年: 艾瑟尔
湖（右）

阿姆斯特丹和北海之间）上的远洋航行。

北海沿岸

上一个冰河世纪过后，河流中沉积了大量的泥沙，这些泥沙沿着北海沿岸堆积起来，形成了一种封闭的屏障沙丘结构（configuration of barrier dunes）。有四个潮汐入口通过沙丘屏障形成河口，河流汇入其中。弗勒武姆（Flevum）河口位于最北部，与艾（IJ）冰川谷对应形成。这个古老的河床，在荷兰语中叫"奥里杰"（OerIJ），是冰河时期莱茵河（the Rhine）北部的排水渠道之一。它的河口位于今天阿尔克马尔（Alkmaar）的南部，但在罗马时代呈淤塞状态。第二个河口是勒努斯（Rhenus），位于如今莱顿附近的卡特维克（Katwijk）南部，也是古莱茵河的河口；第三个河口是海伦乌姆（Helenium），也是马斯 - 瓦尔 - 莱克 - 默维德河（Maas-Waal-Lek-The Merwede）合流的出海口；第四个河口是斯卡迪斯（Scaldis），位于斯海尔德河（Nienhuis，2008，p.30）。为了探索城市形态对水的反应，我在四个流域附近分别选择了一个城镇进行研究：北部的阿尔克马尔（Alkmaar）、中部海岸附近的莱顿（Leiden）、南荷兰的多德雷赫特（Dordrecht）和西兰岛的米德尔堡（Middelburg）。

除了这四个城镇，我还增加了位于艾瑟尔河口的坎彭（Kampen）作为第五个城镇进行研究，研究该城镇必须谈及艾瑟尔湖的历史。艾瑟尔湖在历史上有过四个名字，除了艾瑟尔湖，另外三个分别是须得海（Zuiderzee）、阿尔梅尔（Almere）和弗莱沃拉克斯（Flevo Lacus）。据记载，在阿尔梅尔湖存在的 2000 年里，它的形状不断发生着变化，而且在咸水与淡水、潮汐与静水之间不断交替。

公元 13 世纪，北海的风暴潮突破了北部的沙丘屏障冲进内地，淹没了大片低洼土地，阿尔梅尔（大湖）与公海自此连接起来，形成了须得海。

公元前 12 年，罗马将军克劳迪斯·德鲁苏（Claudius Drusus）在一次探索弗里斯兰（Friesland）的海军战役中，从今天的科隆（Cologne）顺流而下，来到特来土姆（Trajectum）[今乌得勒支，位于荷兰中部，交通网四通八达，与欧洲主要城市相连——译者注] 附近的莱茵河浅滩。有人曾经假设，这个浅滩就位于特来土姆，但是特来土姆这个古罗马兵营直到公元 46 年才开始存在，尽管巴塔沃鲁姆诺维马格努斯（Batavorum Noviomagnus，位于今奈梅亨市附近，曾是罗马殖民地——译者注）在公元前 12 年，德鲁苏在下日耳曼尼亚（Germania Inferior）反复开战时便已经存在，在公元前 5 年发展成一个城镇。我们知道，在罗马时代，莱茵河的北支、弯莱茵河（the Crooked Rhine）和古莱茵河（the Old Rhine）已经开始淤塞，有人认为，德鲁苏曾在公元前 12 年至公元前 9 年之间下令开凿出一条运河，罗马历史学家塔西佗（Harbers，1981）为这个假说提供了证明。未经考古学证实，这条运河是第一次大规模的引水工程，将水从瓦尔河引至艾瑟尔河、下莱茵河和古莱茵河。该运河具有军事目的，在德鲁索斯对抗弗里西亚人（the Frisians）的战役中，运输军队和补给（Lambert，1985，p.45）。他的任务是通过穿越莱茵河对日耳曼（Germanic）部落进行突袭，明确莱姆斯（the Limes）作为罗马帝国的边界。德鲁苏是奥古斯都皇帝（the Emperor Augustus）的继子，也是后来克劳迪斯皇帝（the Emperor Claudius）的父亲，此后，罗马开始驻扎军营，以加强莱姆斯北部的防御，该军营规模很大，从科隆的科隆尼亚阿里基帕（Colognia Ariquippa）开始，一直延伸到卡特维克（Katwijk）莱顿附近的海边。[3]

德鲁苏从巴塔沃伦 / 奈梅亨出发，经过艾瑟尔海峡和维希特海峡，到达了一个在罗马时代被称为弗莱沃拉克斯（Flevo Lacus）的水域，它通过威列（Vlie）连接到公海，威列是今天弗利兰岛（Vlieland）和特谢林岛（Terschelling）之间的一个海峡。

从那里，德鲁苏沿着弗里斯（Frisian）海岸向东航行，在公元前9年到达了易北河（the River Elbe）河口（Lambert，1985，p.46）。

公元13世纪，洪水冲破了沙丘屏障，冲走了阿尔梅尔周围的泥炭沉积层，海水涌入内陆，形成了一个巨大的咸水河口。这些自然行为惠及了须得海周围的一系列小渔村，其中最突出的是阿姆斯特丹，而获益更早的则是坎彭（Kampen）。坎彭首先与英国和波罗的海（the Baltic）的国家展开海上贸易，继而发展到世界上其他国家和地区。以前的须得海因历史短暂而跻身河口之列。人类的干预已经改变了许多河口，但在荷兰，人类最大的干预是1932年的盐水封堤，它将须得海与北海隔开，并将水体变成了如今已知的三个相连的内陆湖 – 艾瑟尔湖、马尔肯米尔湖（the Marken Meer）和艾湖。

图 3.1.3

亨德里克·科内利兹·弗鲁姆（Hendrik Corneliz Vroom）拍摄的阿尔克马尔（Alkmaar）的历史风景，1638年，画布油画，103厘米×209.5厘米 [图片来源：阿尔克马尔博物馆（Stedelijk Museum Alkmaar）]

三角洲城市

历史学家鲁道夫·海普克（Rudolf Haepke，1908）在其关于布鲁日（Bruges）（比利时西北部城市——译者注）的著作中极其恰当地将低地国家称为"城镇群岛"（Archipelago of Towns）。这些城镇在过去一定看起来很像群岛，现在也经常如此，当你站在水边用水平视角来看这些城镇，会发现其中一个清晰可见，而其他的仿佛离得很远，有的甚至被水完全包围。

我们已经提到了许多在罗马占领时期出现的城镇，但这些城镇在公元 3 世纪末罗马帝国垮台时就消失了。一个始于公元 500 年左右的寒冷时期持续了两个世纪（Nienhuis，2008，p.38），海平面上升和频繁的海水入侵冲破屏障沙丘，导致屏障沙丘后面广阔的泥炭沼泽无人居住。然而，在公元 800 年到公元 1250 年，三角洲的人口从 10 万增加到 80 万（Van Dam，2001）。这个时期有两个显著的特征，一是耕地压力变大，二是城镇形成。同时，处于这一时期的低地国家开始广泛使用泥炭地排水系统（a systematic draining of the extensive peat landscape）。前文我们提到，抬高的泥炭沼泽已经比海平面和河流平面高出了 1 至 3 米。这片土地在当时即将被系统地排干。泥炭被提取并用作取暖燃料，并且大批量的用于啤酒酿造、制砖和制盐。由于表层氧化和土地耕作，新暴露的泥炭层开始变得僵硬，土地也随之塌陷。

正处于耕作状态的土地需要越来越深的排水沟，这进一步导致了土地沉降，直到土地变得和河流的水平面一样低，洪涝灾害随之而来。由于气候变化、风暴潮等因素造成海平面上升，海水涌入内陆。生活在低地国家的居民只能钻研各种方法与海水和平共处。著名的荷兰水资源委员会（Dutch water boards）便是出现在这个时候。规划、修建和维护堤坝与水闸需要健全的组织，20 世纪 40 年代，水资源委员会的总工程师约翰·范·文（Johan van Veen）在他的经典著作《一个国家的艺术：疏浚、排水和开垦》（Dredge，Drain and Reclaim，the Art of a Nation）（van Veen，1948，p.23），对荷兰和西兰岛在水管理方面高度经验化和极具地方适应性的法进行了详细的阐述与分析。历史学家基尔特·麦（Geert Mak）在约翰·范·文的基础上做了进一步研究，他认为荷兰政治文化的根源在于处理水问题的地方适应性和民主方式。由于水的动态几乎影响到城镇和村庄生活的方方面面，水务委员会成为强大的机构，它的管理不是以一种自上而下的方式，而是通过地方选举的方式选出区域管理者，即所谓的

"dijkgraven"（荷兰语，直译为"堤防坟墓"——译者注），以委员会的形式进行分散式管理（Mak，2001，p.11）。然而，水务委员会最早期并不如此民主，它更像是一个需要人们高度服从的军事组织。直到最近几十年，这种民主选举代表的方式才成为惯例。

　　1150 年至 1200 年，是农业、贸易、造船和城镇发展发生根本性变化的时期。在这个时期出现了多种城镇设计类型，按照城镇所处的位置特征可以分成高地、沙土地和河道沙砾形成的地面。其中，高地有三种不同的类型："terp"、"burcht"或"fluchtberg"（荷兰语）。这些术语分别表示人为建造出的高地、自然形成的高地和人为与自然两者共同作用而成的高地。高地不仅可以作为洪涝灾害发生时人们的避灾场所，也可以作为抵御入侵时的集聚场所。在高地上，居住区通常以组团的形式开始，围绕一个小教堂展开。当城镇扩张到周围的泥炭沼泽时，便需要制定战略来引导空间结构，使建筑和道路的建设能够高度有序。在高地上是不能容忍零散建筑形式存在的。山上的城镇转变为堤坝或堤坝上的城镇。当系统的泥炭开采降低了周围的土地时，堤坝就变得尤为必要。水填满被挖掘出的地方，形成湖泊。在这段时期，荷兰的城市形成了历史上第二种以大坝为基础的城镇类型。这些大坝（dam）基本上都是拦河坝，如阿姆斯特丹、鹿特丹、埃达姆（Edam）、莫尼肯达姆（Monikendam）和其他城镇 [这些城镇的英文名称几乎都是以"dam"（大坝）为结尾——译者注]，拦河坝阻止海水在涨潮时进入耕地，并能让地表水在退潮时流走。此外，大坝还具有多种功能：具有军事重要性；从内河驳船到远洋船只的转运场所；进行商业活动的公共广场，经常用来称重货物和支付通行费；就阿姆斯特丹而言，它还是附近的商业交易所，在那里进行航运贸易。

图 3.1.4

1560 年左右雅各布·范·德温特（Jacob van Deventer）在阿姆斯特丹、鹿特丹、伊丹和莫尼肯达姆（由左至右）设计中的水坝类型（图片来源：代尔夫特技术大学环境设计与建筑制图室）

图 3.1.5a

《阿姆斯特丹鸟瞰图》，1538 年，
科内利斯·安东尼斯（由阿姆斯
特丹历史博物馆提供）

图 3.1.5b

16 世纪阿姆斯特丹的堤坝、水
坝和水闸

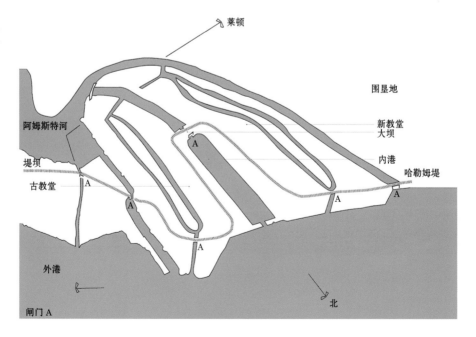

莱顿

围垦地

阿姆斯特河

新教堂
大坝

堤坝

内港

古教堂

哈勒姆堤

外港

北

闸门 A

制图

　　水管理的艺术和科学需要测绘知识，荷兰培养了一批优秀的制图员。其中一位名叫科内利斯·安东尼斯（Cornelis Anthonisz）的画家，于 1538 年创作了一幅令人惊叹的阿姆斯特丹鸟瞰图。查理五世皇帝访问阿姆斯特丹时，这张地图曾被当作礼物敬献给皇帝。无法解释的是，皇帝离开阿姆斯特丹时并未带走这幅画，人们仍然可以在阿姆斯特丹的博物馆里欣赏到它。同样无法解释的是，安东尼斯使这张地图的空中透视看起来如此现代、详细而准确。在 1958 年，"调研"法刚刚起步，在葡萄牙或意大利兴起（Bosselmann，1998）。我猜想，安东尼斯一定是以测地线测量（geodisc survey），或者部分测量（partial survey）为基础来构建他的空中透视。值得注意的是地图上的阿姆斯特丹周围圩区景观，被刻画得极其详细，使人能够明确感受到城乡土地划分之间的相似性，这样的刻画只有通过详细的测量知识才能做到（Mak，2001，p.53）。另一个值得关注的人是雅各布·范·德温特（Jacob van Deventer），他逝世于 1575 年，他在去世之前的 15 年里，绘制了当时荷兰所有城市的地图。他从事的委员会服务于西班牙的菲利普二世，他们出于军事目的制作了一系列 1∶8000 的等比例地图。由于这些地图的保密性，直到 1859 年 [4]，德温特毕生的工作才在马德里和布鲁塞尔的图书馆里被重新发现。

注释

1　荷兰的水位是根据正常的阿姆斯特丹桶（NAP）测量的。1682 年，时任阿姆斯特丹市长的约翰内斯·哈德（Johannes Hudde）根据每天 48 次的水位测量记录，制定了 NAP 公约。后来，每日测量的次数减少到 24 次。在德国边境，莱茵河的正常水位为 +11m NAP（Van de Ven，1993，p.26）。

2　克里斯蒂安·斯格洛滕（Christian Sgroten），如乔斯特·施里杰南（Joost Schrijnen）和詹德里克·霍克斯特拉（Jandrik Hoekstra）在《西南三角洲：迈向新战略》（Meyer et al.，2010）中所引用。

3　"杰曼诺姆上尉"（Capitom Germanorum），一个现在被海浪淹没的堡垒。

4　我数了 97 张地图（Fruin，1923）。

参考文献

Bosselmann, P., 1998. *Representation of Places: Reality and Realism in City Design.* Berkeley: University of California Press.

European Union Directive 2000/60/EC, 2000. *Water Policy Framework.* [Online] Available at: European Union Directive 2000/60/EC, 23 Oct.2000. Water Policy Framework [Accessed 27 February 2017].

Fruin, R., 1923. *Nederlandsche steden in de 16e eeuw. Reproducties van de platten gronden door J. van Deventer.* 's-Gravenhave/The Hague: Martinus Nijhoff.

Haepke, R., 1908. *Bruegges Entwicklung zum Mittelalterlichen Weltmarkt.* Berlin: Curtius.

Harbers, P. &. M. J., 1981. Een poging tot reconstructie van het Rijnstelsel. *Koninklijk Nederlands Aardrijkskundig Genootschap,* 15, pp. 404–421.

Lambert, A., 1985. *The Making of the Dutch Landscape: An Historical Geography of the Netherlands.* London and New York: Academic Press.

Mak, G., 2001. *Amsterdam: A Brief Life of the City.* London: Vintage.

Meyer, H., Nijhuis, S. & Bobbink, I., eds, 2010. *Delta Urbanism: The Netherlands.* Chicago/Washington: APA Planners Press.

Nienhuis, P., 2008. *Environmental History of the Rhine–Meuse Delta: An ecological story on evolving human–environmental relations coping with climate change and sea-level rise.* Dordrecht: Springer Netherlands.

Van Dam, P. J., 2001. Sinking peat bogs, Environmental change in Holland, 1350–1550. *Environ History,* 6, pp. 32–45.

Van de Ven, G. P., ed., 1993. *Man-Made Lowlands: History of Water Management and Land Reclamation in the Netherlands.* Utrecht: Uitgeverij Matrijs.

Van Veen, J., 1948. *Dredge, Drain, Reclaim: the Art of a Nation.* The Hague: Uitgeverij Martinus Nijhoff.

第 2 章

城市群岛——五个三角洲城镇

在本章中，我将采用形态学的方法，从调研观察开始来描述这五个城镇。要真正理解一件事物，必须先对它有一定的认知，我查阅了雅各布·范·德温特（Jacob van Deventer）绘制的地图和 20 世纪初的地形图，来辅证我观察时的猜想与结论。然而，从观察中获得的结论终究是浅显的，除非这些结论具有学者研究成果的佐证。幸运的是，各类著作和文献中能够找到越来越多关于 12 世纪至 15 世纪（Zweerink，2011）荷兰城镇形态发展（Borger et al.，2011）的信息。

当然，从荷兰大量城市中选择这五个城镇是完全随机的。早在中世纪，低地国家就比阿尔卑斯山以北的欧洲其他地区拥有更多的城镇（Braudel，1992，p.484）。如前文所述，引导我选择的主要因素是城镇在河流流域的位置。就本书而言，最重要的意义是在大的环境系统背景下，城镇作为一组建筑元素的概念。我从约瑟夫·里克沃特（Joseph Rykwert）的著作《城之理念》（The Idea of a Town）中借用了这个概念："城镇并不是一种自然现象，它是一种奇特的人工制品，由意志和随机因素组合而成，不完全受控制。如果它与生理学有关，那么它更像是一个梦，而不是其他任何东西。"

我之前提到过许多城镇已经被淹没，特别是在西兰岛。因此，荷兰人清楚地知道，面对大自然的不确定性，城市的选址至关重要。在决定一个城镇的位置时，最首要的标准是选择一个高地，而且这个高地要足够坚固，能够承受大风、海浪和洪水。但是，针对潜在极端事件而做的稳健性设计并不能完全抵御灾害，而仅仅依靠韧性设计也是不够的。在突发的极端事件后，城镇很少能恢复到以前的平衡状态。当地居民想要他们的城镇设计更具适应性，这需要工程方面的知识。我希望通过回顾历史，可以梳理出对当地适应性的理解，这种适应性必然基于多种作用力，这些作用力相互关联，对荷兰的城镇设计具有持久的影响。

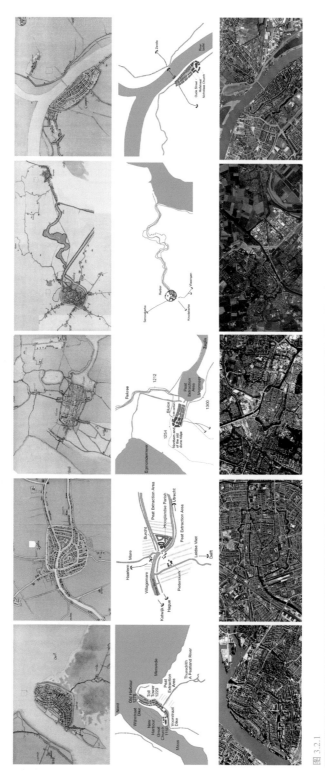

图 3.2.1

第一排：雅各布·范·德温特的地图，从左至右依次是多德雷赫特、阿尔克马尔、米德尔堡、莱顿和权彭（图片来源：代尔夫特理工大学环境设计学院图书馆地图室中找到的原件扫描而来）；

第二排："小镇的构想"（图片来源：作者自绘，显示了根据地形和气候变化形成的城镇构想，在这里，作者借用了约瑟夫·里克沃特（Joseph Rykwert）将城镇的设计追溯到土地上那些人工的原始元素）；第三排：2010 年的城镇（图片来源：谷歌地球）

气候变化和海平面上升对低地国家来说并不新鲜，这两种现象都曾发生在冰河时代末期。问题的关键在于人类对这种现象的反应。近年来，荷兰地面持续沉降，由于人为原因导致的气候变化和海平面上升也不断加剧，适应性设计在这样的背景下将发展为更强有力的解决策略。有一些策略即使不考虑适应性也依旧有效，但不是长久之计，例如沿着河流建造越来越高的堤坝，或者把新海堤伪装成沙丘。而适应性设计则是给水留以空间，与水共融而不是与水为敌；解决海防问题时不是单纯地强调阻断河流，而是给河流腾出空间。莱茵河、马斯河和斯海尔德河是欧洲大陆的三大水系。适应城市和地形的新策略在荷兰备受争议。我们将在最后一章回到这个主题。

多德雷赫特——两条大河间的城镇

有人说，荷兰西部城镇的形状都因水而成。为了更好理解这个说法，我考察了多德雷赫特。多德雷赫特是荷兰最古老的城市之一，自1220年起就享有城市权利，比阿姆斯特丹和鹿特丹还要早几个世纪，而且与众不同的是，多德雷赫特是第一个位于莱茵河和马斯河集中排放口附近的城市，因此我选择多德雷赫特进行研究是非常合适的。和其他沿海城市一样，多德雷赫特位于北海潮汐影响的最前端，并且连接了国际海和陆路。

站在多德雷赫特宽阔的马斯河河岸上，可以清晰地看到一个轻微向内弯的河道。一般情况下，在湍急河流的下游，沉积物会沉淀在河湾内的松弛水域，这里是天然堤坝形成的地方。堤坝上不仅有砾石和砂砾，还有很多植物。这样一个天然的大堤极易形成月牙形的岛屿，沿着陆地一侧有一条与河流平行的水道，这条水道在高水位时可以填满，而在其他时候则是干的。在岛屿的高地上，树木丛生，长满了低矮的亲水植被，这些植被在泥炭材料中也可以找到。抬高的地面对结构也有一定的支撑，包括由砾石和河相黏土支撑基底的大型结构。事实上，土壤条件将为周围的泥炭沼泽提供唯一可建造的地面。我曾很肯定地推断，多德雷赫特的起源可以在河流地质学家称之为"点沙坝"（point bar）的砾石和黏土中找到，但后来我发现我的"城市在点沙坝"（city on a point bar）理论不得不放弃。现在已有研究证实，当多德雷赫特在12世纪之前建立时，这条被称为"古马斯河"（the Old Maas）的河流并不存在，而这一点我当时并不知道。

图 3.2.2

上：1545 年的多德雷赫特。由
雅各布・范・德温特（Jacob van
Deventer）绘制，图片来源于代
尔夫特理工大学环境设计学院图
书馆；中："两条河流之间的小镇
的构想"；下：2010 年的多德雷
赫特（图片来源：谷歌地球）

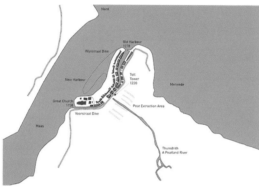

图 3.2.3

（从上至下）多德雷赫特的大教堂；从沃尔街堤坝向下看，穿过港
口到大教堂；向上望向沃尔街堤坝；从威金街（Wijnstraat）堤坝向
下俯瞰新港；沿着威金街堤坝看

在离开河岸上那个观察点之前，我环顾了一下附近的建筑物，寻找有关它们年代的线索。雄伟的哥特式大教堂有一个引人注目的巨塔，这座塔不成比例，使教堂也看起来不成比例。我们沿着一条垂直于河流的路步行穿过城镇，发现了一组港池，叫作新港（New Harbor），它们排成一排，与河流平行，看起来是新建成的。当我穿过新港的时候，我在以威恩斯特拉特（Wijnstraat）（葡萄酒街）为中心的土地上遇到了一个微微上升的空间，接着是朝威恩海文（Wijnhaven）（葡萄酒港）的方向向下走，这显然是古港。从这里，我走向了另一个更引人注目的上升空间，这个地方以沃尔

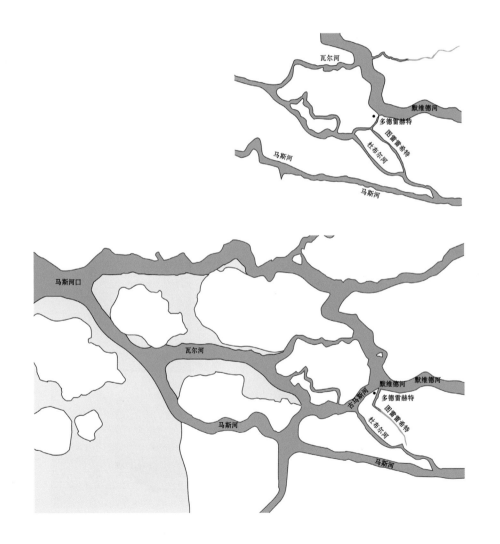

图 3.2.4

12 世纪，多德雷赫特的河流景观 在 默 维 德 河（The Merwede）和马斯河之间变化。上：多德雷赫特 1100 年的位置；下：多德雷赫特 1180 年的位置。（图片来源：对 2013 年《多德雷赫特历史地图集》进行重绘，Vantilt 出版社）

图 3.2.5

莱克河（Lek）、默维德河和马斯河之间
的多德雷赫特，河堤为红色（图片来源：
1920 年的地形图，代尔夫特理工大学环
境设计学院图书馆）

街（Voorstraat）为中心，街上的土地划分尺度极小。基于这些观察，我得出了关于该地区原始聚落形状的初步结论：这种形状可能是沿着沃尔街生长在堤顶上的。港口以运河的形式为中等大小的船只提供庇护，只有在威恩海文港口才加宽。如果正确的话，多德雷赫特应该是一个在堤岸上的城市，在北端有一个港口，可以从默维德河（The Merwede）进入。

多德雷赫特首次被提及是在 846 年的《克桑滕纪事》（Annals of Xanten）中，当时，多德雷赫特是一个被维京人掠夺并纵火的地方（Halsall，1997），这个地方是靠近莱茵河主要河流汇合处的港口，经由默维德河和马斯河，在当时一定具有重要的战略意义。考古记录显示，葡萄酒港的天然起源是默维德河的一个入口，与一条名为泥煤河（peat river）的小水道相连。在威恩街和沃尔街地表下 8 米处发现了早期建筑的痕迹（Benschop et al.，2013，p.8）。

第二次拜访时，我乘坐水上巴士从鹿特丹沿着诺德河（the Noord）来到默维德河（the Merwede）。我去了城市的博物馆，获得了一本最近出版的带有历史地图的书（Benschop et al.，2013）。研究地图后，我对自己最初的理解失去了把握，我之前没有考虑过河流系统的变化。通过瓦尔 – 默维德河（the Waal-Merwede）的莱茵河支流开辟了新的通道，通道所在的位置因泥煤的开采，地表沉降严重。在 1100 年到 1180 年的几十年间，1134 年的大洪水（Benschop et al.，2013）及其之后几年的影响使默维德河改变了原有的河床，与马斯河有了更直接的联系，进而与北海形成了联系。

多德雷赫特的城市形式

在中世纪，多德雷赫特被称为图雷雷希特（Thuredrecht，荷兰文），一条名为图尔（Thure）的小水道通过杜布尔河（the Dubble）将莱茵河流域、默维德河和马斯河连接起来。我对这些证据的修正解释是，在图尔河与默维德河的河口处，建立了一个港口，从那里可以"拖船"（dragged）到马斯河，因此荷兰语中有"drecht"（与英文中的拖船发音相似，是"多德雷赫特"荷兰名称的词尾——译者注）一词。在荷兰的这个地区，马斯河在默维德河向南大约 10 公里的位置与之平行。与这一假设相一致的是，在默维德河突破泥炭层并与马斯河连接之后，堤坝就变得很有必要。

由于河水受海水的影响,堤坝必须保护耕地和城镇不被淹没。如果这些解释是正确的,那么多德雷赫特更有可能是从一个小镇发展而来,它坐落在一座 12 世纪的大教堂所在地,这个教堂的地基就是在这里发现的。1203 年在学者的著作中明确了多德雷赫特的一座教堂(Benschop et al.,2013,p.8)。大教堂底部的碑文表明,位于历史悠久的多德雷赫特南端的巨大教堂塔楼始建于 1339 年,在那个时候,这座塔是古马斯河的一个重要标志,马斯河是通往多德雷赫特的一个相对较新的途径。塔上清楚地标示了船只从海中经由哈灵水道(the Haringvliet)或荷兰海峡进入荷兰航道的方向。这样一个新的港口极具必要性,它可以为远洋船只在大教堂脚下的盆地里提供停靠点,这些盆地与古马斯河平行。利用沃尔街堤坝(Voorstraat lavee),这个小镇变成了一个堤坝上的城市(Zweerink,2011,p.156)。在沃尔街堤坝上,荷兰伯爵于 1220 年建立了一座收费塔,这是一个向过往船只收取通行费的据点。

荷兰城镇对水的定位和调整是低地国家城市发展的共同主题。那些决定城市形式的人是否了解排水、泥炭开采、沉降和海洋洪水的内在联系,在历史中没有明确记载。12 世纪出现了一种洪水模式,这种模式一直持续到 15 世纪甚至更久(Nienhuis,2008)。在 1421 年 11 月 18 日至 19 日的晚上,著名的圣伊丽莎白(Saint Elizabeth)洪水将多德雷赫特淹没。格罗特瓦尔德(the Grote Waard),以及多德雷赫特东南方向 400 平方公里的区域都被海浪淹没了。大规模开采泥炭导致了地面沉降,显而易见的危险迫在眉睫。自从 1134 年的风暴以来,由上涨的潮汐或河流引起的洪水大约每 25 年发生一次(Nienhuis,2008,p.77)。

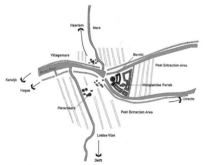

图 3.2.6

上:大约 1550 年的莱顿(Leiden),雅各布·范·德温特绘制(图片来源:代尔夫特理工大学环境设计学院图书馆);中:"山上小镇的构想",古老的莱茵河两支流汇合处,被称为比尔赫特的 11 世纪防御工事山。该聚居地向北延伸到马雷村,向南延伸至布里街(Breestraat)堤坝的贸易点,两者均建在河堤上。后来,荷兰伯爵夫人在一个由堤防和周边运河保护的土地上建立了一个带有小教堂的法院;下:2010 年的莱顿(图片来源:谷歌地球)

圣伊丽莎白洪水并不是灾难的终点，其他毁灭性的洪水接踵而至，如 1530 年 11 月的洪水。德温特绘制于 1545 年左右的多德雷赫特地图显示，多德雷赫特仍然颤颤巍巍地依附于格罗特瓦尔德。最令人难忘的洪水发生在 1570 年的万圣节，这是一场海洋与河流并发的洪水，摧毁了西南三角洲的大部分地区（Nienhuis，2008，p.244—252），多德雷赫特再次成为荷兰的一个岛屿。几个世纪以来，人们的反应一直是一样的，建造越来越高、越来越坚固的堤坝，然而又永远不够高、不够坚固。海洋和河流的洪水持续发生，至今仍埋在荷兰人民的记忆中，例如 1953 年 2 月 1 日的毁灭性洪水，死亡人数达 1835 人。[1]前格罗特瓦尔德的西部部分被废弃，在海洋和河流的冲刷下自生自灭，而在 1970 年之前，它一直是欧洲最大的潮汐河口。随着三角洲的形成，从北海来的洪水不再可能产生多大的威胁，但瓦尔河和马斯河沿岸的高水位仍可能在多德雷赫特造成洪灾，因为多德雷赫特是默韦德河、诺德河（the Noord）和乌德马斯河（the Oude Maas）汇流的地方（Nienhuis & Stalenberg，2005）。目前的想法是，多德雷赫特附近的前围垦区需要"退耕"，并在高水位时期用于蓄水。

一座山上的小镇，莱顿，比尔赫特城堡

我对莱顿的访问始于骑自行车游览比尔赫特（Burcht）城堡。比尔赫特城堡建于 11 世纪的人造山丘上，是荷兰伯爵特意在莱茵河两条支流汇合处附近建造的防御工事。山顶上有一个圆形的墙，使它在洪水期间可以作为避难所。如今，莱顿的莱茵河被限制在两条中等大小的运河中。这些运河内部的排水量极大。然而，在 860 年，通过古莱茵河的排水量更大。

就像多德雷赫特一样，这里的河流形成缓和的内弯。而比多德雷赫特引人注目的一点是，河堤和最近一条平行于河的街道之间的上升。布里街（Breestraat）坐落在一个堤坝上，堤坝是以前的天然堤坝，早期一处贸易聚集点便从这里开始。穿过布里街，沿着彼得教堂朝尔街（Pieterskerk Choor Steeg）行走时，地面会明显下降。德温特（Deventer）绘制的 1560 年地图显示，在这个位置曾经有一条运河，与当时的莱茵河（如今的朗阁博运河所在地）平行。从那里，土地再次上升到彼得教堂这个 13 世纪哥特式大教堂，而这个地方，曾经屹立着莱顿最古老的教堂。在这个高地

图 3.2.7
上图：从比尔赫特望向霍格兰德
帕瑞师（Hooglandse Parish）教
堂；下图：从比尔赫特向西看

上，荷兰伯爵夫人曾经建立过一个法院用来征收通行税。从一项关于荷兰西部城镇空间变化的研究中，我证实了自己对莱顿城镇形态与莱茵河关系的猜想（Borger et al.，2011）。莱顿市有三个核心：北岸核心是一个叫作马雷（Mare）的古老村庄，留下的痕迹很少；南岸核心是一个贸易结算站，位于布里街堤坝（Breetstraat Dike）的顶部，向彼得教堂（Pieters Kirke）延伸，以及在比尔赫特脚下和莱顿的第二座教堂霍格兰德帕瑞师（Hooglandse Parish）附近的建筑。

在莱顿，我还希望能找到以前雷纳斯河（Renus）盆地的径流遗迹。在汇入北海之前，莱茵河必须在这里穿过屏障沙丘。我想知道已经在海平面以上的河流是如何穿越屏障沙丘的，又是如何与被风和潮汐影响的沙丘景观交相呼应的。从莱顿开始

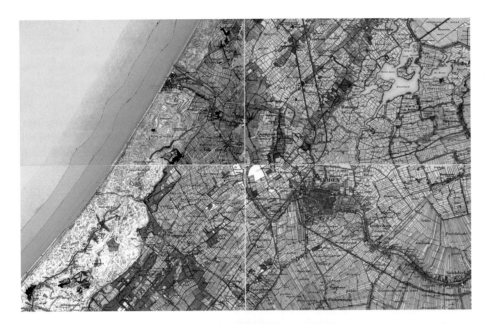

图 3.2.8

莱顿 1920 年的地形图（图片来源：代尔夫特理工大学环境设计学院图书馆）

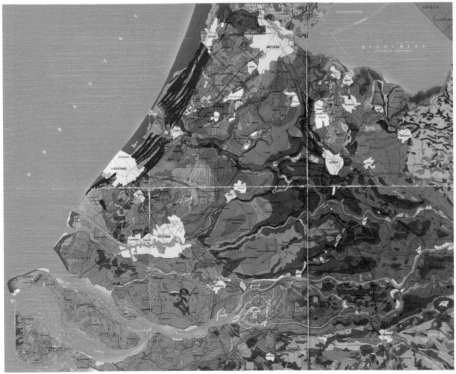

图 3.2.9

荷兰的土壤地图：暗红色表示古沙丘，鲜红色表示新的沙丘屏障 [图片来源：根据原状进行的重绘，来自荷兰瓦格宁根 – 乌尔（Wageningen-UR，NL）的绿色世界研究所（Alterra）]

沿着古莱茵河考察，一直到卡特维克（Katwijk）的海面，没有发现这些流域的任何遗迹，这也说明这些流域以前应该是以潮汐河口的形式存在。雷纳斯河（Renus）蜿蜒曲折，止于一座人造海上防御工事，该防御工事是为了防止海洋入侵，同时在一定程度上控制古莱茵河水的径流量。

在卡特维克没有发现莱茵河口的自然形态，但在土壤地图上可以找到。从这些地图上可以看出，古代沙丘屏障是不规则的。三个就像手指一样的细长沙丘出现在莱茵河的河口两侧，它们排成一行，但没有对应关系。在手指之间是一个海洋黏土扇，向海延伸变宽，并沿着当前的河流向莱顿的方向逐渐收缩。原先的沙丘前已经形成了新的沙丘屏障，但有证据表明，卡特维克的海防能力薄弱。2014年初，一座大型海堤正在建设。这些迹象表明，为了保护兰斯塔德（Randstad）免于潮汐泛滥，2014年冬季之前将完成一个非常大的混凝土结构。该结构将伪装成一个沙丘，并在这个人工沙丘表面下方建设一个大型停车场。莱茵河在沙丘屏障上形成的缺口达千年之久，在今天，对防御海平面上升构成了严重的负担。

我们还思考了针对卡特维克的其他解决方案，提倡保留现有的滨海村庄，而不是在沙丘中建造堡垒。基于这个解决方案，在目前的海岸线前面将构建一个屏障岛。在下一章中，我们会讲述这种具有替代性和适应性的方案。

阿尔克马尔（ALKMAAR），位于前沙丘屏障北端的小镇

阿尔克马尔之所以被选中，是因为它位于前屏障沙丘的最北端，而这个屏障沙丘是保护荷兰海岸线最重要的盔甲之一。在史前时代，莱茵河最北的支流——欧尔伊河（Oer-IJ）在今天的卡斯特里克姆（Castricum）附近注入北海，就在阿尔克马尔的南部。在古地形图上，流域被标记为弗勒武姆（flevum，罗马防御工事——译者注）。[2] 当河流在罗马时代淤塞并完全封闭时，穿过沙丘屏障的开口就关闭了。大约在公元50年，在缝隙上面形成了一组新的沙丘。一个很小的潮汐河口，名叫宰泊（Zijpe），在中世纪就存在，可以通过雷克尔河（Rekere）从海上到达阿尔克马尔（Alkmaar），宰泊在阿尔克马尔与大型湖泊体系相连，包括谢尔盖湖（Schermeer）和贝姆斯特湖（Beemster）。这些湖泊是在大量泥炭开采之后形成的。穿过这些湖泊，船只可以一直到达须得海。直到13世纪，泥炭开采导致地面沉降严重，为了保护低洼土地免遭

洪水侵害，人们开始修建堤防。阿尔克马尔西部的沙丘屏障被茂密的森林保护，但是，在中世纪时期，海水不断侵蚀阿尔克马尔以北的地区，于是1212年和1220年，分别沿雷克尔河（Rekere）和西弗里斯宫（Westfriese Omringdijk）修建了堤防（Van de Ven，1993，p.56）。两个堤防都大大减少了耕地上的风暴潮。三个半世纪后的1573年[3]，在阿尔克马尔对抗西班牙的著名战役中，为了抵御阿尔巴公爵（the Duke of Alba）的围攻，人们打开了堤坝用以淹没城外的土地。

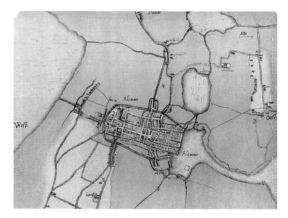

第一次访问阿尔克马尔时，我是乘火车去的，从西北方向直接进入这座历史名镇。老城区的第一个明显标志是护城河和略高于地面的大型圣克莱门斯教堂（St. Clemens Church）。在以前的沙丘屏障北端是一个村庄，也是该镇发源的起点。与我参观过的其他城镇不同，阿尔克马尔的街道、运河和城市街区形状清晰明了。这种规律性让我觉得阿尔克马尔是一个计划中的城市。一条长直的街道从教堂向东延伸，并在历史悠久的港口结束。这里的雷克尔河（Rekere）是一条小水道，从北部进入，与两条东西向的运河相交。港口的一部分被宽阔的拱形石桥覆盖，附近有市政秤量房（一种公共建筑，商品或其他东西在其内计重——译者注）。从北面驶来的船只从远处便可以看到这座塔。实际上，塔楼的设计非常帅气，以活泼的方式装饰着一个看起来像开放式洋葱圆尖顶。

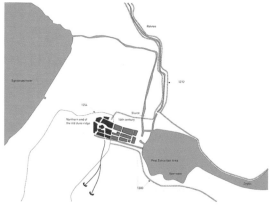

第二次访问阿尔克马尔时，我从南部沿北荷兰运河（Nord Holland Canal）而来。运河是为了改善阿姆斯特丹与登海尔德（Den Helder）与北海的连接而修建，于1824年完工。这条运河将阿尔克马尔与主要的航运渠道连接起来，给城市带来了

图 3.2.10

上：大约1550年的阿尔克马尔（Alkmaar），作者：雅各布·范·德温特（图片来源：代尔夫特理工大学环境设计学院图书馆）。中："古屏障沙丘山脊北端的城镇构想"；下：2010年的阿尔克马尔（图片来源：谷歌地球）

极大的繁荣。在阿尔克马尔，运河形成了一个大盆地，面对盆地伫立着一座塔，标志着阿尔克马尔的新入口，塔顶还装饰着一个盛开的洋葱圆尖顶。阿克金斯德伦（Accijnstoren）坐落在从北荷兰运河通往阿尔克马尔的轴线上，远处的航海者也可以看到。这座塔与市政秤量房一样，都标志着驳船即将进入城镇。

迄今为止所获得的信息都表明阿尔克马尔的形态是以时间为轴线形成的，没有任何言论来支持这个城镇是经过规划而建立的。后来，在仔细研究雅各布·范·德温特在1560年绘制的地图时，我发现阿尔克马尔东西走向的运河非常明显。除了今天仍然存在于这座城市历史遗迹中的两条运河之外，还有六条相互平行的运河，它们之间的距离几乎相等。当然，这些运河一定是经过精心设计的，它们之间的同等距离表明它们起源于泥炭开采时挖掘的沟渠。泥炭开采的过程首先需要排干土地，然后将提取的泥炭运送到浅滩的船中。产生城市形态的过程显然是经过规划的，但如何规划的呢？在彼此相等距离的大地形上铺设平行的直线并不是一件容易的事。令我惊讶的是，在中世纪的荷兰，人们对测量技术一无所知。在这样的条件下我不知道上述平行测量是如何实施的，也不知道是什么仪器辅助了这一过程，只知道从1200年起，测量师的需求量变得很大（Boerefijn，2010）。[4]

互相垂直的城市街区是沿湿地原有沟渠形成的。从长远来看，并非所有的沟渠都是必要的；那些已变成或者有可能变成运河的沟渠，面临着坚固的堤防。一旦我了解了阿尔克马尔的常规运河和城市街区的起源，就可以在德温特绘制的莱顿和多德雷赫特地图上发现与泥炭开采起源相同的空间格局。在这些

图 3.2.11
阿尔克马尔市政建筑的开放式洋葱穹顶设计。上：市政厅；中：沿宰格里斯（Zeglis）水道的阿克金斯德伦（Accijnstoren）（现为北荷兰运河）；下：与雷克尔河（Rekere）对齐的秤量房

城镇之外，人们大规模地开采泥炭。泥炭是一种分解后的植物材料，重量轻，可用长铲状工具将其切成薄片。开采泥炭要求按规律地逐层挖掘，直到挖掘现场充满水为止。开采后，将这些泥炭材料堆起来晒干，以备运输。荷兰伯爵特许出价最高者获得采矿权，一般是财团股东。在提取过程中剩下的水就变成了浅湖。这些湖泊成为泥炭地貌的重要特征。1533 年，第一次针对这类湖泊的改造计划开始于阿尔克马尔附近的阿克特湖（Achter Meer）和埃格蒙德湖（Egmonder Meer）。以前的湖泊被堤坝围起来，被环形运河抽干，变成了用作牧场或农田的围垦地。如果地下水位以下的土地无法通过重力排干水，则可以通过风力泵（荷兰特有的风车）使其保持干燥（Van de Ven, 1993, p.201）。贝姆斯特（Beemster）是北荷兰省第一个大型围垦地，

图 3.2.12

阿尔克马尔周围的景观，1906 年的地形图（图片来源：代尔夫特理工大学环境设计学院图书馆）

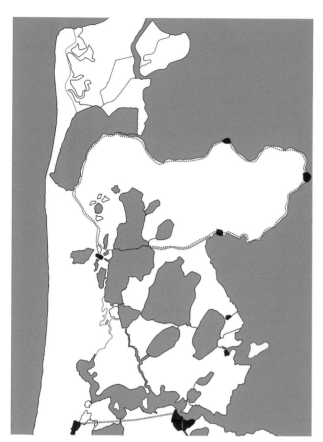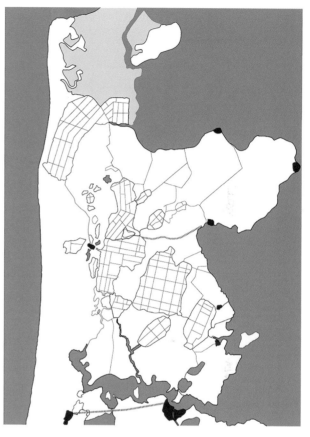

图 3.2.13
左：北荷兰的泥炭开采区变成了
湖泊；右：从 17 世纪开始，大湖
泊被排干，围海造田

占地 7100 公顷，从 1609 年到 1612 年一直干旱（Van de Ven，1993，p.131）；随后谢尔盖湖于 1635 年问世。

米德尔堡，一座山上的城镇

小镇坐落在沃尔切伦岛（Walcheren）上，沃尔切伦岛曾是西兰岛的一个岛屿，位于东西斯海尔德河之间（Scheldt）。这个城镇发源于一座人造山丘，这个山丘上有两条天然的山脊沟交聚。在荷兰语中，"Vluchtberg"指的就是这样一个地方，字面意思是一座山，人们可以逃到这个的地方躲避洪水。在低地国家，聚居地以人造山丘作为起源是很常见的。在弗里斯兰省（Friesland，靠近北海——译者注），这些可以居住的山区被称为特普斯（terps），在北海沿岸的丹麦可以看到很多，在丹麦它们被称作"瓦夫特"（værft）。1103年，佛兰德伯爵（Count of Flanders）扩建并加固了米德尔堡。然而，米德尔堡山作为聚居地的起源能够追溯到9世纪，它不仅可以作为洪灾时期的避难场所，在北欧海盗袭击时，也可以有效抵御外敌入侵，就像记载中890年发生的那次一样。

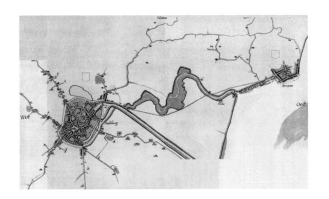

图 3.2.14
上：大约1550年在米德尔堡，雅各布·范·德温特绘制（图片来源：代尔夫特理工大学环境设计学院图书馆）；中："弗卢格山（Vluchtberg）上一个小镇的构想，它通过一个叫作斯洛（Sloe）的泥沼与大海相连"；下：2010年的米德尔堡（图片来源：谷歌地球）

图 3.2.15

上：从高高的詹山（Jan）俯瞰过去的修道院建筑群，现在是政府中心；中：从高高的詹山望向老港口的景色，该港口一直延伸到现在被用作停车场的区域；下：詹山的高塔，塔楼是镇中心的导航信号

在参观米德尔堡时，我骑自行车来到镇中心的前修道院塔楼，爬上 207 级台阶，到达高扬的山顶，下面的小镇一览无余。街道和建筑物形成两个同心圆，揭示着小镇以防御山丘为发展起源的形式。外环是最早的护城河，船只可以从斯海尔德河口到达米德尔堡。港口向东北弯曲，在前圣母修道院（Our Dear Lady Monastery）的所在地有一个令人印象深刻的庭院，它原来是宗教中心，如今作为城镇政府核心而存在。

米德尔堡作为沃尔切伦岛上最古老的城镇之一，坐落在岛的中部，这独特的地理位置保护了米德尔堡免受北海的影响，又保证了它通过沃尔切伦岛和邻近的贝弗兰（Beveland）群岛之间的海峡直接联通大海。兰伯特（Lambert）的报告指出，在 1435 年，斯洛海峡淤塞，人们使用一种叫作卡拉蟹（Krabb-clar）的蟹爪鱼来疏通淤泥，蟹爪鱼来回游动，爪状的脚可以起到松散沉积物的作用，潮水退去时把已经松散的沉积物冲到海里，完成疏通（Lambert，1985，p.140）。

当米德尔堡在 1217 年获得城市权时，它还是布鲁日（Bruges）－根特（Ghent）－安特卫普（Antwerp）影响带内的一个城镇。当时，佛兰德（Flanders）是欧洲最繁荣的地区之一。在 10 世纪和 11 世纪，织布工业使佛兰芒（Flemish）一跃成为欧洲最大的城市之一。因此，斯海尔德河沿岸的港口是长途贸易的重要基础（Rutte，2014）。在堤防、港池、鱼市的设计以及作为航海家标志的高塔的设计中，仍然可以找到很多相似性。在中世纪，斯海尔德河港口一直比其他港口都更为重要，直到 16 世纪阿姆斯特丹开始占据主导地位。但阿姆斯特丹的繁荣不断受到海洋的挑战。残酷无情的北海改变了荷兰西南三角洲岛屿的形状，特别是从 14 世纪晚期开始，当时大片土地和城镇村庄被海浪淹没。在 18 世纪，米德尔堡一直保持着与海洋的直接连通，而这种连通是依靠修建运河来实现的，运河首先到维里（Veere），这是一个以与苏格兰羊毛贸易而闻名的港口城市。这条运河使米德尔堡得以通过东斯

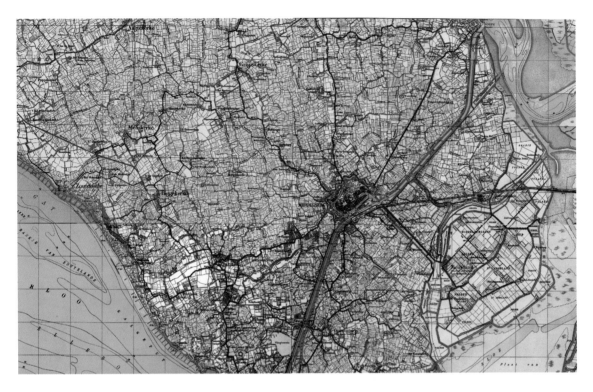

图 3.2.16

瓦尔德（Walcheren）景观中的米德尔堡（Middelburg），1906 年的地形图 [图片来源：代尔夫特理工大学环境设计学院图书馆]

图 3.2.17

在东斯海尔德河的三角洲工程 [图片来源：雷蒙德·斯白汀（Raymond Spekking），维基共享资源]

海尔德河进入公海，后来，通过沃尔切伦的第二条运河将米德尔堡与斯海尔德河西部的弗里斯欣根（Vlissingen）连接了起来。

20世纪50年代和60年代，为了应对1953年那场毁灭性的洪水，人们规划了三角洲工程，当时，斯海尔德河显然需要流经比利时的主要港口安特卫普（Antwerp）以继续通向大海。然而，三角洲工程主张封锁所有其他水道，包括东斯海尔德河，以避免由风暴潮引起的洪水。人们用花岗石、巨砾黏土和沥青等材料建造了巨大的水坝，阻截了哈灵水道（Haringvliet）和格雷维林根湖（Grevelingen）。正当东斯海尔德河也要遭此对待时，政治上的反对声音开始浮出水面，人们指出，将咸水潮汐河口变成淡水湖会造成长期的生态破坏。因此，一组令人印象深刻的大型水闸取代了之前的水坝，这些水闸横跨在东斯海尔德河，一旦潮水上涨，这些水闸就可以关闭。如今，40年过去了，这些闸门的地基并没有预期的那么长久。因此，研究人员进行了深入的讨论，评估替代单一海岸屏障的其他办法，并计划修建一个具有冗余性的海岸防御带。这个防御带要在涨潮时有足够的宽度蓄水，也能通过一系列平行堤坝有足够的力量保护土地。

坎彭，一个河堤上的小镇

最后，我们来看艾瑟尔河谷（IJssel River valley）的坎彭。坎彭也起源于包括德温特（Deventer）、兹沃勒（Zwolle）、埃尔堡（Elburg）和哈德维克（Harderwijk）等一系列经济上相互依赖的城镇。在13世纪初期，德国向波兰东移，在波罗的海地区开辟了一个丰富的市场。低地国家的港口城镇从这次扩张中受益匪浅。在荷兰城镇中，艾瑟尔河谷下游城镇在与低地国家的其他城镇的竞争中具有更多优势：这些城镇不仅靠近海上航线，还靠近已建成的公路，公路将它们通过土地连接至早期位于韦尔登（Verden）、科维（Corvey）和富尔达（Fulda）的修道院或圣公会，并可以通向萨克森（Saxony）和黑森（Hessen）。与荷兰的其他城市一样，坎彭拥有最新的帆船技术（Unger，1978）。在葡萄牙和德国造船技术的共同影响下，最初的弗里西亚（Frisian）单桅杆方形帆被进一步发展成同时配有方形帆和灯笼帆。这些船是在霍恩（Hoorn）（Davids，2008，p.215）建造的，霍恩是从坎彭横跨须得海的港口城市。到13世纪中叶，帆船变得越来越大，也配备了更宽敞的货舱，这让航海家拥有了绕过

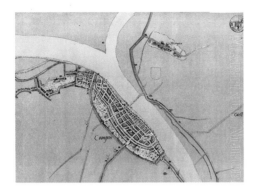

图 3.2.19

第一张：向下望乌德街，朝着尼古拉教堂的尖顶；第二张：中殿的视图，伴随着电影效果。由于乌德街的曲率，进场时整个教堂都显现在眼前；第三张：平行于霍夫街（Hof Straat）的圣尼古拉教堂；第四张：乌德街堤坝上的市政厅，与远处的圣尼古拉教堂

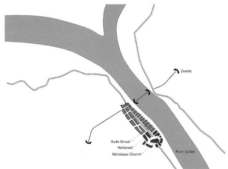

图 3.2.18

上：坎彭，应用程序。雅各布·范·德温特于 1550 年绘制（图片来源：代尔夫特理工大学环境设计学院图书馆）；中："一个河堤小镇的概念图"；下：2010 年的坎彭（资料来源：谷歌地球）

图 3.2.20
艾瑟尔三角洲景观中的坎彭，
1906 年的地形图（图片来源：代
尔夫特理工大学环境设计学院图
书馆）

日德兰半岛（Jutland）顶端，直接到达波罗的海国家（the Baltic countries）的信心（Mak，2001，p.33）。木材、琥珀、柏油、沥青、亚麻布、毛皮和蜡被送到坎彭，以换取须得海的鲱鱼制品和盐，以及荷兰和弗里斯兰的奶酪和黄油，此外，还有通过乌得勒支的维赫特（Vecht）运来的来自佛兰德（Flanders）和意大利的布料，来自莱茵兰（Rhineland）的葡萄酒和来自马斯谷（the Maas Valley）的金属。到 1236 年，坎彭获得了城市权，在与波罗的海地区的贸易中，它已然能够与布鲁日匹敌（Lambert，1985，p.146）。

坎彭的早期形式

授予城市权利时，坎彭的艾瑟尔河比现在更宽广（Speet et al.，1986，p.7）。这条河有一个内部弯道，河流沉积物在这里形成了天然堤岸。早期的坎彭人（Kampeners）在圣尼古拉教堂（St. Nicholaas Church）所在的高地上建造了最初的聚居地，最初是一座小型罗马式教堂，这个老教堂的长度是 14 世纪初建造的第五广场哥特式教堂的一半。1818 年的地形勘测（Lambert，1985，p.41）显示，教堂的海拔比 N. A. P. 高 3.4 米 [5]，是坎彭原始布局中的最高点，而教堂塔脚处的高度则没有明显的变化。狭窄的霍夫斯特拉特（Hofstraat）保持着 +2.5 米 N. A. P. 的海拔从塔楼延伸出来，平行于河流向中心延伸到秤量房所在的地方，而且跨越艾瑟尔海峡。堤顶上的街道称为乌德街（Oude Straat），是该镇最古老的街道，这条街沿着堤坝的顶部，与河流曲线平行着通向老市政厅，弯曲的街道形成了一系列令人难忘的景观。站在乌德街中央向教堂望去，视觉框架以圣尼古拉教堂尖顶为主，靠近时，由于街道的弯曲，框架内的景观发生了变化，中心开始位于凸起的唱诗堂和耳堂上，这也是教堂的主要入口。由于街道的曲率，教堂的整个结构都以电影效果展现给乌德街上的行人。

乌德街道在海拔 +3.4 米 N. A. P. 的地方抬高成河堤，这个海拔与教堂周围的广场相同。沿霍夫街（Hofstraat）和乌德街的地块划分规模很小，根据荷兰的历史名城地图集（Speet et al.，1986，p.45），我们现在看到的正是坎彭最古老的核心地区。一条长方形的护城河在陆地上保护着这座城市。在大约 1325 年至 1350 年，这座城市沿着堤坝向北扩张。乌德海峡和堤防得到了扩展。在圣母教堂周围增加了第二个教区。它的塔楼因为一个高大的开放式塔灯的存在看起来格外高，甚至高过了圣尼古拉塔楼（St. Nicholaas' tower）。两座教堂塔楼的位置使坎彭处于双重朝向，在沿着艾瑟尔河顺流而下前往坎彭的驳船上可以清晰地看见圣尼古拉教堂，而乘船从须得海驶向小镇时也能清楚地看到圣母教堂塔楼。1607 年，圣母教堂的塔楼因地基土层的破坏而倒塌。1646 年，在老市政厅附近竖立了一座高大的市政大厦，取代了原先塔楼的位置。

在 13 世纪，河岸基本上没有得到开发，一些类似海滩的停泊处依旧存在。从 1320 年开始，带有漂亮大门的石墙逐渐取代了木质石墙。《坎彭历史城地图集》（Speet et al.，1986，p.33—34）记录了 21 个这样的大门，其中一些带有双圆形塔楼，让人联想起汉萨提克城（Hanseatic）的吕贝克（Lübeck）著名的霍尔斯滕门（Holsten Gate）。沿着艾瑟尔卡德（IJssel Kade）修筑了一道正式的堤坝，形成了内河驳船和出海船只的着陆点。因此，到1350年，原先的线性核心和新墙壁之间的区域已实现城市化。再往北，在15世纪下半叶又增加了一个新港口。到15世纪末，这个小镇已经摆脱了古老的护城河——布格尔（Burgel）的限制。一条新的护城河势在必行，并于1462年竣工。

坎彭位于艾瑟尔河沿岸，那里的河流可以涉水而过。紧靠城镇的西边，河流形成了一个三角洲，然后流入须得海。坎彭作为一个转运港口，占据重要战略位置，因此，坎彭一跃成为极其重要的镇区，并颁布了《城市宪章》，在1320年建造了城墙。乌得勒支主教作为领主，也为坎彭的持久发展提供了长期的保护。作为实力的象征，1441年，坎彭成为汉萨同盟（the Hanseatic League）的正式成员，而在1441年之前，坎彭便与汉萨同盟保持了很长时间的联系。这种联系使坎彭能够访问诺夫哥罗德（Novgorod）和布鲁日之间的许多港口。另一个作为实力的象征是坎彭获得了在须得海放置浮标和信标的权利，以保证安全通往北海的运输路线，同时，这也是一种警示——须得海有些地方太浅了。1527年，坎彭被迫将这一权力移交给了阿姆斯特丹。河流沉积物堆积形成沙洲，不管河流最终有没有流入大海，堆积物都会导致坎彭消亡。缺乏进入北海的通道也会阻碍阿姆斯特丹的发展。到了1480年，艾瑟尔的三角洲河道已经被淤泥完全堵塞了。两条渠道的水坝修建了起来，将河水集中排入一条主河道。在艾瑟尔河对岸修建了一条防波堤，以将河水引向坎彭河堤。在冬季，当德国上游积雪融化时，冰流会给下游城镇带来严重洪灾，但坎彭的低温使艾瑟尔河在此冻结。由于小冰河时期（通常是1560年至1720年）的到来，更因为从莱茵河流入艾瑟尔河的流量减少，艾瑟尔河上的航行开始受到限制，坎彭这个城市的重要性也随之减弱。

坎彭附近的须得海对越来越大的船只来说已经变得太浅了，直到19世纪，才有了建造新航道的技术，自此船只行驶可以完全绕过须得海。北荷兰运河开凿于19世纪20年代，但很快就变得过于狭窄；第二条运河从艾河（IJ）开凿，直接穿过沙丘屏障进入北海。这条长达24公里的北海运河于1865年至1876年间完工。运河给阿姆斯特丹和它的港口带来了很多便利，但却没有给坎彭带来好处，现代的大船再也到不了这个城市了。虽然须得海上航船减少，但它在1825年、1855年和1906年，仍然给坎彭带来了巨大的风暴潮，导致水位上升到NAP以上3.3米（Van de Ven，

图 3.2.21

始建于 1932 年的拦海大坝，或
锁坝（Closure Dam）（图片来源：
Chet Smolski，罗得岛学院的
开源）

1993，p.238）。由于在须得海的航行受到严重阻碍，人们开始计划重新利用这一大片
水域。早在 1667 年，亨德里克·史蒂文（Hendric Stevin）就提出要把须得海变成农
田，但是用当时的技术是不可能实现的（Van Veen，1948，p.105）。之后，1916 年
发生了一次严重的风暴潮，荷兰议会因此在 1918 年通过了一项法案，封闭须得海，
并宣布将部分水域用作围垦地。荷兰在第一次世界大战期间保持中立，但由于对外
国供应物品有很强的依赖性，荷兰仍然遭受严重的食品短缺。1918 年，政府决定建
造一座 34 公里长的分隔水坝，这个水坝可以增加大约 220000 公顷的农业用地，且
能永久保护农田免受风暴潮的威胁。这座大坝在荷兰被称为阿夫鲁戴克（Afsluitdijk），
建于 1932 年，宽 89.5 米，可抵挡 3.5 米的风暴潮，坝顶高 7 米。东北部和东部的堤
岸位于艾瑟尔河口的两侧，将坎彭"移动"了 30 公里，使坎彭从一个海上的小镇变
成了一个内陆小镇。

　　最初，分离坝改变了海水的盐碱度和潮汐活动，影响了河口生态系统，进而改
变了鱼类和植物的生活。关于生态保护的预警言论既没有延迟封闭须得海，也没有

引起城镇赖以生存的渔业部门的关注，而关于成本费用的言论却占了上风。这些决策是在经济困难时期做出的。计划中的四块开发区（其中三个已建造完成）将展开土地销售和农业生产等活动，那么在建造足以抵御风暴潮的海堤时，这些活动是否可以抵消建造的巨额成本呢？建造大型水闸是很有必要的，它可以在低潮时将多余的水从艾瑟尔湖释放到瓦登湖（the Waddensee），而这个瓦登湖便是堰洲岛南部的潮间带（高潮线与低潮线之间——译者注）水体。水闸的设计是为了控制这个大型内陆水库的地下水位。储水是很有必要的，可以为大型船舶航行提供足够的水下空间，使其能够穿越北海运河的闸门往返于阿姆斯特丹的新港口。此外，必须在新的围垦区周围建造堤坝，而且必须修建泵站，以保持海平面以下的围垦区干燥并适合种植。

截止本书写作之时，围堤建设已经过去了80年，人们已经清楚地认识到对咸水河口的改造产生了不可预见的后果。海洋生物并没有全部消失，不同的物种蓬勃发展。在下一章中，我们将对生态环境、海岸线条件、水质和盐分含量展开进一步探讨。

图 3.2.22

潮间带滩涂暴露时，泰尔斯海灵岛（Tershelling）的瓦登海（Waddenzee）处于低潮状态；名为威列（Vlie）的潮汐通道最初由坎彭市标记，可以在远处看到

从历史中学到什么？

尽管有些城镇，如米德尔堡，在第二次世界大战中遭到轰炸和破坏，但这五个城镇都保存得很好，它们保持了其13至16世纪的风貌，尤其是在街道布局和地块划分方面。雅各布·范·德温特绘制的16世纪50年代地图仍然可以用来寻找穿过这些城镇的路线。如今，它们是繁荣的荷兰中型城镇典范，我从他们700年到800年的历史中得出的结论是，所有五个城镇都必须适应不断变化的水环境，阿姆斯特丹和鹿特丹这两个荷兰的主要城市大体上也是如此。

人们很容易联想到"韧性"（resilient）这个词来描述这五个城镇，这个时髦的词汇不仅适用于描述生物体恢复能力和承受压力的材料强度，而且适用于城市的社会经济条件。我想将这些城镇描述成一个复杂的巨系统，这个系统中包含着贸易关系、中央政府的监管（或缺乏监管）、造船技术、水资源管理技术、获得资本的渠道，最主要的是，包含人类的创造力。在发生主要由自然灾害引起的灾难性事件时，这些城镇别无选择，只能做出改变。韧性是指灾害发生以后恢复到原有平衡态的能力，它无法预期，也不可能完全实现。这些城镇必须具备适应新环境条件的能力，不然就要面临土地流失和水资源短缺的现实，这意味着城镇要重新定位自己在修建运河、填海造地等操作时的方法。水对于三角洲地区的人们来说是一门重要的学问，它在气候不断变化的条件中反复无常。正如范·德文在《人造低地》（Man-made Lowlands）上写道："在三角洲地区没有最终的解决办法或永久的局势。"

注释

1　1953年的洪水超出了鹿特丹的平均水准（ANP）3.75米。估计1570年洪水达到+3.6米（Nienhuis，2008，p.249）。

2　弗勒武姆（Flevum），因为它与弗勒乌湖（Flevo Lacus）有关（Nienhuis，2008，p.30）。

3　"胜利始于阿尔克马尔。"1573年10月8日，西班牙军队在阿尔克马尔被击败。这场胜利标志着与西班牙哈布斯堡王朝（Habsburg Spain）80年战争的转折，标志着1648年《威斯特伐利亚明斯特条约》（the Treaty of Münster，Westphalia）所承认的独立的七个省共和国——荷兰王国的成立。

4 在与雷努特吕特（Reinout Rutte）进行的有关荷兰测量学和制图学起源的对话中，提到了有关该主题的最新博士论文（Boerefijn，2010）。

5 在荷兰，普通阿姆斯特丹水位（NAP），也称为阿姆斯特丹军械基准（AOD），是一个或多或少与平均海平面共同响应的水平面，用于指示水和陆地的高度。

参考文献

Benschop, R., De Bruijn, T. & Middag, I., 2013. *Historische Atlas van Dordrecht: stad in het water.* Nijmegen: Vantilt.

Boerefijn, W. N. A., 2010. *The foundation, planning and building of new towns in the 13th and 14th centuries in Europe: an architectural-historical research into urban form and its creation,* Amsterdam: University of Amsterdam [dissertation].

Borger, G. et al., 2011. Twelve centuries of spatial transformation in the Western Netherlands, in six maps: Landscape, habitation and infrastructure in 800, 1200, 1500, 1700, 1900 and 2000. *OverHolland,* 10(11), pp. 7–124.

Braudel, F., 1992. *Civilization and Capitalism, 15th–18th Century, Vol. I The Structures of Everyday Life,* Berkeley: University of California Press.

Davids, K. A., 2008. *The Rise and Decline of Dutch Technological Leadership: Technology, Economy and Culture in the Netherlands 1350–1800.* Leiden: Koninglijke Brill.

Halsall, P., 1997. *Medieval Sourcebook: Annals of Xanten.* [Online] Available at: www.fordham.edu/halsall/source/xanten1.html [Accessed 27 February 2017].

Lambert, A., 1985. *The Making of the Dutch Landscape: an Historical Geography of the Netherlands.* London and New York: Academic Press.

Mak, G., 2001. *Amsterdam: A Brief Life of the City.* London: Vintage.

Nienhuis, A. & Stalenberg, B., 2005. River atlas. In: F. Hooimeijer, A. Nienhuis & H. Meyer, eds, *Atlas of Dutch Water Cities.* Delft: Uitgeverij SUN, p. 134.

Nienhuis, P., 2008. *Environmental History of the Rhine–Meuse Delta: An Ecological Story on Evolving Human–environmental Relations coping with Climate Change and Sea-level Rise.* Dordrecht: Springer Netherlands.

Rutte, R., 2014. Four hundred years of urban development in the Scheldt estuary: Spatial patterns and trade flows in the south-western delta. *OverHolland,* Volume 12/13, pp. 99–127.

Rykwert, J., 1976. *The Idea of a Town: The Anthropology of Urban Form in Rome, Italy and the Ancient World.* London: Faber & Faber.

Speet, B. et al., 1986. *Historische stedenatlas van Nederland. Aflevering 4. Kampen.* Delft: Delftse Universitaire Pers.

Unger, R. W., 1978. *Dutch Shipbuilding before 1800: Ships and Guilds.* Assen: Van Gorcum.

Van de Ven, G.P., ed., 1993. *Man-Made Lowlands, History of Water Management and Land Reclamation in the Netherlands.* Utrecht: Uitgeverij Matrijs.

Van Veen, J., 1948. *Dredge, Drain, Reclaim: the Art of a Nation.* The Hague: Uitgeverij Martinus Nijhoff.

Zweerink, K., 2011. The spatial maturity of Dutch towns (1200–1450): A comparative analysis of the emergence of the outlines of the Randstad, with reference to town maps. *OverHolland,* Volume 10/11.

第 3 章

当代实例与未来策略

20 世纪以来，为了应对威胁人类生命安全的重大灾害，政府实施了三个大型干预措施：须得海封堤（Zuiderzee closure dike）、三角洲工程和河道冗余空间政策（The policy to make room for rivers）。在一些学者看来，未来荷兰最糟糕的状况将是人们缺乏危机意识。就像范·德文（1993，p.289）提出的疑问，如果多年以后再发生诸如 1916 年 /1953 年风暴潮和 1993 年 /1995 年大洪灾之类的灾害，人们该如何应对？范·德文并不是唯一一个具有危机意识的人，他的顾虑一直存在于人们记忆深处，公众也因此非常支持财政转向相应措施。这些措施在一定程度上导致了经济转型，虽然这种经济转型损害了一部分人的利益，但对荷兰大多数阶层来说都是有益的。

为了在一定程度上修复生态，范·德文和其他学者曾多次以个人或组织的名义建议，将低地国家的局部区域归还给海洋与河口。但很多居民不愿意为了后代的利益做出牺牲，因此这个建议一直没有被采纳。

鉴于气候变化和海平面上升愈演愈烈，人们开始意识到，应当用长远的眼光来看待问题。如今看来，抬高堤坝、加固沙丘屏障和修建强大的泵站，都不是长远之计。20 世纪 70 年代的三角洲工程需要在海底建立新的地基，1932 年的艾瑟尔湖围堰需要加固，沿着艾瑟尔河、莱茵河、马斯河及它们众多支流的堤坝也需要加固。由于所有泥炭地都在持续下沉，低地国家的未来变得越来越危险，而这种危险几乎笼罩着荷兰北部和西部的大部分地区。

荷兰水文学会在 1998 年发布了一张图表（Huisman et al., 1998），显示了从公元 900 年以来土地沉降和海平面上升不可逆转的抵消过程。两条曲线在公元 1450 年相交，自此以后，海平面持续缓慢上升，而地面则持续大幅沉降。

图 3.3.1

受沉降影响的土地 [图片来源：
基础设施和环境部，荷兰水运当
局（Ri jkswaterstaat），2011]

地面沉降
地面高度保持不变
地面上升

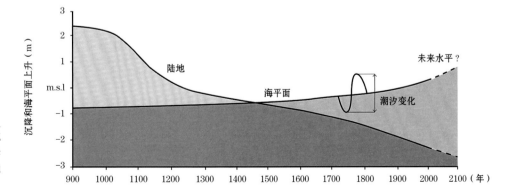

图 3.3.2

荷兰的海平面上升和地面沉
降 [图片来源：荷兰水文学
会（Netherlands Hydrological
Society），1998，代尔夫特]

沉降和海平面上升（m）

陆地

m.s.l

海平面

未来水平？

潮汐变化

荷兰人在应对水的问题上面临着两分法：稳健还是冗余。从概念上讲，稳健法依赖于单一的、强大的基本防线。冗余法则取决于防御区。在洪水和风暴潮期间，土地将被用来储存水，而且区域内的这些防御层有望为人类生命提供相同甚至更高的安全性。虽然可以用稳健和冗余响应模型来解释很多问题，但是为了公平对待两种策略各自的支持者，我们要进行的讨论会很复杂而且充满了技术上的考虑。那些主张增加冗余的人相信，针对未来不确定性时，冗余法更具有适应性。稳健策略的支持者认为，沿河或者沿海修建超级堤坝是极其必要的，而且当前的技术完全可以满足它们的建造与维护。

反对加强硬性防御的人指出，100米宽、两倍高的超级堤坝确实可以作为一种临时可行的解决措施，但这种堤坝会对文化景观造成严重破坏，尤其是对堤坝前沿的传统城镇来说。另外，支持加强硬性防御的人则阐述了以下观点：

奈梅亨（Nijmengen）拉德布德大学（Radboud University）湿地与水研究所环境科学系荣誉教授聂辉斯（Piet H. Nienhuis）写道：

> ……海平面将持续上升，可以预见未来会发生大量洪水事件。三角洲地区的悲剧在于，按照定义，水资源管理是无法做到可持续发展的，因为管理步骤不可避免，而且大部分步骤都不可逆。尽管有减少洪水风险的宏伟计划和长期愿景，但在海平面上升和气候变化的威胁下，短期防御措施是唯一可行的解决方案。

> 聂辉斯，2008年，p.567

代尔夫特理工大学海岸工程学教授，三角洲第二委员会（the Second Delta Commission）成员马塞尔·斯蒂夫（Marcel Stive）呼吁将安全标准提高十倍。他的同事水利工程教授汉·弗里格林（Han Vrijling）说：

> ……在沉迷于水利工程师关于"为水营造更多空间"这种浪漫的呼吁之前，堤坝必须达到应有的标准。

> 梅茨和与范·登·霍伊韦尔，2012年，p.284

荷兰基础设施和水管理环境部（Rijkswaterstaat）承认（Rijkswaterstaat，2011，p.16）：

> 我们只有在回顾历史时才能对许多干预措施的弊端有所认知，例如三角洲项目的生态破坏。这种认知预测已被纳入了20世纪80年代启动的综合水管理政策。同时，这些干预措施使我们忽视了海洋继续将海岸线向东移动的趋势，到现在也很难说这个移动要在哪里结束。

（读者可以注意到，现代政府机构在其官方语言中赋予了海洋生命的特质。）

特蕾西·梅斯（Tracy Metz），记者，三角洲委员会成员，阿姆斯特丹的约翰·亚当斯学院院长：

> 荷兰对防御工程已经不再具有无限的信心，一种新的政策正在被采用。在过去十年左右的时间里，该政策一直是"与自然共建，与水共存"。这意味着对水的防御态度会减弱，压力也会减少。在海岸带、三角洲和主要河流沿岸地区，甚至是在住宅区，水的开支已经在收缩。这样可以产生更美丽，更自然的景观，使人们对水有更多了解，并减少洪水的风险。

梅茨和与范·登·霍伊韦尔，2012 年

在这些选定的语录中，我们将研究一些最重要的设计建议：首先针对河流，然后转向湖泊和河口，最后是沿海防御。

给河流更多的空间

荷兰皇家气象研究所（the Royal Netherlands' Meteorological Institute）的气候模型显示，莱茵河在所有温度升高的情况下，冬季流量增加（+12%），而夏季流量减少（-23%）。莱茵河夏季流量变化的原因与阿尔卑斯山的融雪有关，在过去，阿尔卑斯山的融雪量很大，但在未来，由于冰川的融化，融雪对于莱茵河的作用将会减弱。默兹河（Meuse）也会在冬季流量增加（+5%），在夏季流量降低（-20%）（Rijkswaterstaat，2011，p.69）。

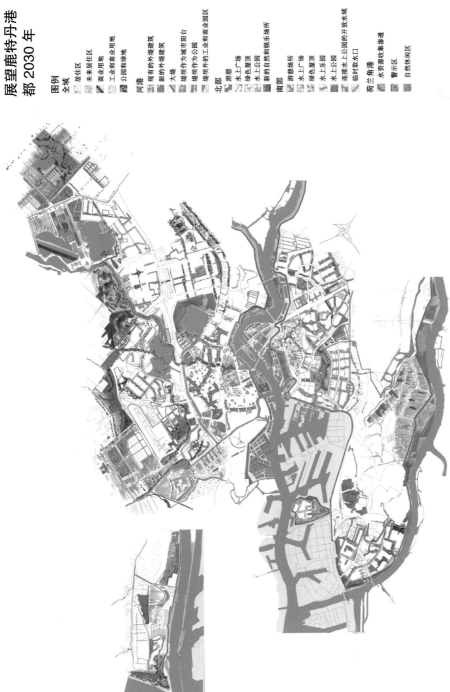

展望鹿特丹港
都 2030 年

图例

全域
- 居住区
- 未来居住区
- 商业用地
- 工业和商业用地
- 公园和绿地

河港
- 现有的外堤建筑
- 新的外堤建筑
- 大堤
- 堤坝作为城市阳台
- 堤坝作为公园
- 堤坝外的工业和商业园区

北部
- 游憩
- 水上广场
- 绿色屋顶
- 水上公园
- 新的自然和娱乐场所

南部
- 游憩场所
- 水上广场
- 绿色屋顶
- 水上乐园
- 水上公园
- 连接水上公园的开放水域
- 临时取水口

荷兰角港
- 水资源收集渗透
- 警示区
- 自然休闲区

图 3.3.3

鹿特丹 2030 年第二水资源计划。该计划将导致更多的水面用于储水（图片来源：www.rotterdam.nl/gw/document/waterloket/wat）

图 3.3.4

奈梅亨（Nijmegen）未来的瓦尔（Waal）河漫滩（图片来源：奈梅亨市）

气象学家还预测，极端降水的周期将更频繁，冬季更长，夏季更短，但夏季强度更大。由于下游供水的变化大，水务工程师增加了河流和前河口的蓄水能力。与交通工程师在道路模型中设计车流速度和车流量的方式类似，水务工程师也要设计水流速度和水流量。目前，莱茵河（16000 立方米 / 秒）和默兹河（3800 立方米 / 秒）的标准流量已经被超过。建模结果显示，预计在 2040 年至 2045 年间，莱茵河流量将达到 18000 立方米 / 秒，因此需要加宽河床。在自然地形没有明确河床的低洼地区，河流的最大横截面被定义为冬季堤坝之间的空间。

在荷兰历史上，灾害经常引发政策变化，这种状况一般发生在 1993 年和 1995 年冬季灾害发生时。1995 年 1 月至 2 月，莱茵河流域附近的 25 万居民被疏散。同年 4 月，议会通过了《大河三角洲法案》(the Delta Act Large River)，并进一步加固了大约 450 公里的河堤，安全水平从 50 年一遇或 500 年一遇洪灾等级提高到 1250 年一遇的洪灾等级（Nienhuis，2008，p.568）。然后在 2006 年，经过多次讨论，政策发生了转变。议会没有再按原计划提高河堤，而是批准了"给河流更多空间"这项决策，提出将洪水冲刷出来的平原还之于河。总共有 37 个项目得以确定，包括重新定位河堤、挖掘河道旁路、拆除或降低河岸上的防波堤，甚至退坝（将河堤放回瓦尔河和默维德河）。沿艾瑟尔河，洪泛区的挖掘包括清除河流沉积物，清除出来的大量沉积物将用来建造住宅，有人称这个过程为"落叶归根"。在目前的众多观点中，还有一种"顺其自然"的说法，但一些学者持怀疑态度，他们认为：根据现有的自然规律，这项决策会导致另一种文化景观的再造。

今天的莱茵河与 19 世纪早期的莱茵河有着根本的不同。古老的河岸植被几乎都消失了，大部分的原始森林和鲑鱼也都消失了。今天，它们只存在于博物馆墙上的绘画和地图中，存在于诗歌和歌曲的记忆中。在过去的 150 年里，莱茵河流域的动物群落发生的变化比过去一万年都要大。[1]

在许多社会中，尤其是在荷兰，对"自然"和"自然的"这两个词的使用充满争议，因为人们在这片土地上很难找到一块纯天然的地方，几乎每一寸土地都被人以各种方式修饰过。在一本关于城市形态的书中，鹿特丹的"河流空间"（Room for the River）政策堪称典范。鹿特丹市已经采用了一个野心勃勃的计划——第二水资源计划（Waterplan 2 Rotterdam）（Jacob et al.，2007），目标是在 2030 年为水提供更多的存储空间。今后，水将成为城市组织结构的一部分，营造城市特色，参与城市建设。此外，寻找更多的地面空间储存降水和流水也势在必行。

在奈梅亨，莱茵河最重要的分支瓦尔河有一个近 90° 的弯。在奈梅亨对岸的河湾内测，原计划建一座新城，名为瓦尔普朗（Waalsprong）。然而在 1995 年河水泛滥之后，大面积洪泛区被保护了起来以备洪灾期间蓄水之用，瓦尔普朗的建设许可也因此被驳回了。于是，奈梅亨市执行了新的计划，将伦特（Lent）社区的河堤向北移，在易受洪水袭击的河湾加宽瓦尔河的河漫滩。2015 年修建了一条辅助河道，该河道与河流平行并形成了一个岛屿。最初，该岛被设想为一个可以居住的地方，本可以在一定程度上抵消建造高质量防洪系统的巨额支出，然而，在防洪系统之上建造房屋的成本令人望而却步。

大型内陆湖（前河口）

当河口发生改变时，人们对随之而来的水文变化和生态变化知之甚少，所有在荷兰的前河口都没有给出明晰的答案。从 1699 年到 1856 年，比斯堡地区（the Biesboch area）的军事部门（the War Ministry）绘制了四幅地图，这些地图的序列显示了莱茵河和马斯河形成的三角洲河川形态，而当时的技术还不允许对河流进行根本性的改造。然而在三角洲一万年来的演变过程中，上述四幅地图仅仅跨越了其中一个简短的时间窗，在更长的时间尺度范围内，则很难以地图的形式来准确描绘这一演变。

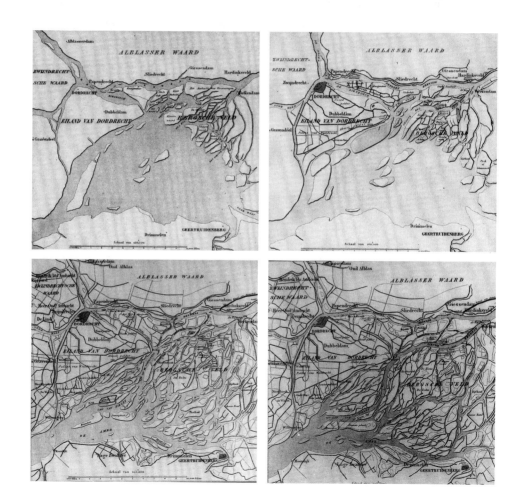

图 3.3.5

从 1699 年到 1856 年，比斯堡地区（Biesboch），一组由军方绘制的地图，显示了直到 19 世纪中期莱茵河和马斯河系统在多德雷赫特东南方向的汇合处。当时的技术已经可以建设联合排水的渠道（图片来源：代尔夫特理工大学环境设计图书馆）

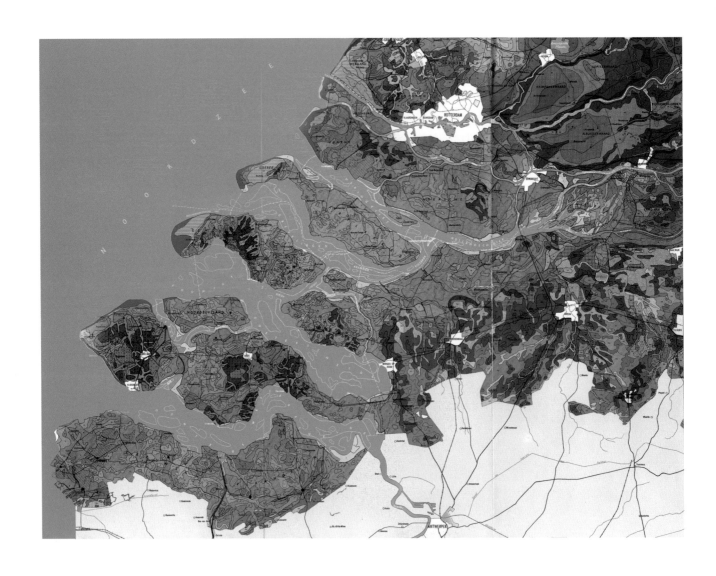

在冰河时代，北海形成了一个低海拔平原。北欧大河在这个平原上向北移动，在高海平面处，冰川融化导致海平面上升，使海岸线向南延伸。在北海南部形成了一个大湖泊，这个湖泊被英国和挪威的冰川，以及一个横跨英吉利海峡的 30 公里宽的陆地屏障——韦尔德·阿托瓦（Weald Artois）岩石阻止了排水。

新的研究（Gupta et al., 2017）解释了欧洲西北部河流和融冰向北大西洋的改道。大约 45 万年前，溢流冲破了连接英国和欧洲大陆的陆地屏障，引发了大规模的洪水。

图 3.3.6

南荷兰和泽兰岛（Zeeland）的土壤地图。红色：古老的沙丘；暗红色：新沙丘；灰色：海相和河相黏土；深灰色：泥炭 [图片来源：荷兰瓦格宁根大学与研究中心（Wageningen-UR，NL）的绿色世界研究所（Alterra）]

16万年前，这个过程再次发生，形成了多佛海峡（the Strait of Dover），同时导致了不列颠群岛与欧亚大陆分离，并为莱茵河提供了一条较低的排水通道。由于重力的作用，这条通道逐渐改变了流经冰川峡谷的方向，不再向北。今天，欧瑞河（OerIJ）大致呈南北走向，广大学者认为它就是曾经的那个排水通道。

在史前时代，莱茵河在如今的莱顿附近泛滥，但在罗马时代开始淤塞。莱茵河的主要支流逐渐向西南方向移动，在比斯堡附近与瓦尔河和马斯河汇合，形成了西南三角洲。随着汇流河的流动，三角洲后面逐渐形成河口，河口的形状受许多因素影响，包括河流沉积物、潮汐流、第三条河流——斯海尔德河，以及风暴等。

迄今为止，在这漫长的历史中，三角洲的形成过程结束于1957年开始的三角洲工程，该工程于在20世纪七八十年代全部竣工，除一个河口外，其余全部关闭。只有西斯海尔德河（the Western Scheldt）保持原有的状态。在东斯海尔德河（the Eastern Scheldt）河口安装了可调控的风暴潮屏障。与之类似，另外一个可调控的风暴潮屏障——迈斯兰特大坎（the Maeslant Barrier）于20世纪后期建成，它有能力关闭荷兰角港（Hoek Van Holland）的新航道（New Waterway）。

我们断不能把三角洲地区如今的状态看作是它历经数千年演化之后的终点，即使它不会再如过去那样发生剧烈的变化，但正如范·德文所说，三角洲不存在最终乐章。

20世纪70年代，三角洲工程关闭了河口，这段时间也是莱茵河和马斯河历史上污染最严重的时期。因此，哈灵水道（Haringvliet）和格雷维林根湖（Grevelingen Meer）的前河口底部有一层受污染的沉积物，这层沉积物现在已经被一层河湖泥沙覆盖。自20世纪70年代以来，莱茵河和马斯河的水质已显著改善，但由于河水缺乏流动性，这些淤泥始终留在那里，无法排入海洋被稀释。这些污泥的安全治理方法也一直存在争议。聂辉斯在其关于西南三角洲人为干预的论述中总结了以前这些河口的弊病，包括大量的藻类、细菌和毒素等。

与"河流空间"的概念类似，对荷兰三角洲及其周围的海岸线的保护计划也是搭建冗余空间。加强西南三角洲岛屿上现有的堤坝能为涨潮腾出更多空间，而不必牺牲沿海地区居民的安全。显然，有些居民将不得不搬迁，因为冗余空间不是一条单一的防御线，而是一片随时准备被风暴潮淹没的区域。虽然这片防御区不能作居住用地，但大部分时间都可以用于农业或娱乐活动。

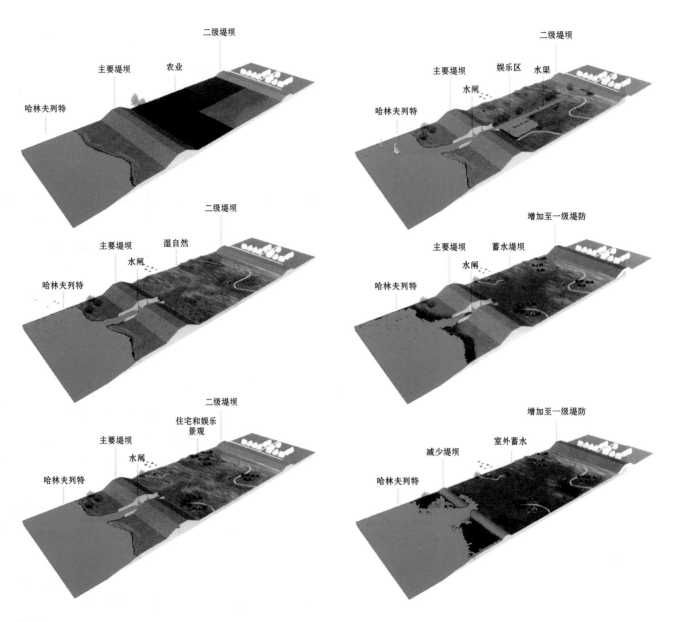

图 3.3.7

冗余海岸线横截面演示图 [图片来源：汉·迈耶（Han Meyer）、约伯·范·伯格（Job van Berg）、阿诺德·布雷格特（Arnold Bregt）、罗伯特·布罗西（Robert Broesi）、埃德·达默斯（Ed Dammers）、朱里安·埃德伦博斯（Jurian Edelenbos）、洛德维克·范·纽文惠泽（Lodewijk van Nieuwenhuijze）、利奥·波尔斯（Leo Pols）、格达·罗勒德（Gerda Roeleveld），2013 年，《可持续三角洲的新视角》（New Perspectives for a Sustainable Delta）。代尔夫特：IPDDcahier）]

到目前为止，这些策略仍在商榷中（Meyer et al., 2013）。如果这些策略可以被广泛认可并采纳，那么城市形态将会涌现出多种新的可能性，形成一套城市冗余设计体系。建设这样一种防御区开支巨大，人们理所当然期望它能持久有效。然而由于经济原因，防御区可能不会拥有很长的生命周期，因此，放置在这个区域内的任何东西都应该配备相应的代替品，而且要易于修复。

艾瑟尔堡

虽然在地图上看不到，但艾瑟尔湖中存在着一组岛屿。确切地说，这组岛屿位于内陆湖的艾湖区域。20世纪30年代，建筑师范·登·布鲁克（Van den Broek）和巴科马（Bakema）提出了在阿姆斯特丹附近建造城市围垦地的计划（NAI, 1965），但该计划从未付诸实施。在世纪之交，居民区并没有建立在5米高堤坝后干涸的河床上，而是在以"千层饼法"建造在艾瑟尔堡人工岛屿上。在用"千层饼法"建造时，特制的船舱里装满了沙子，可以逐渐地把沙子均匀地分撒在船底。使用这种方法，高度可控的沙层分布在湖床上。第一层沙子相对较薄，但像千层饼一样一层一层堆积起来，直到最上层形成接近水面的形状。当在最上一层的顶部输送入大量的沙子时，岛的形状就变得清晰可见了。这种方法的优点是沙层边缘以一定角度逐渐倾斜到湖底，而不是突然形成像钢板墙那样的垂直边缘。在边缘的倾斜角上，植物将自下而上生长，形成一种加固沙层的结构，在此之前，需要先将芦苇自上而下种植，用以搭建框架。用这种方法，沙层边缘将随着时间的推移越来越稳固，只有暴露在强风中的沙层边缘需要用岩石加固。最后，海风和海岸线环境共同作用形成了岛屿最终的几何形状。

岛屿的形状与水下的环境也有密切的关系。在艾湖的这一段，水的深度一般可达3米，但艾湖的湖床上发现了一个冰川山谷的痕迹，地图上在那里绘制了冰河时期的一条沟壑，形状像一个巨大的弯曲凹痕，这个史前沟壑的荷兰语名称是"Oergeul"。如前所述，人们认为这条沟壑将莱茵河的水输送到了冰盖下面。本来这条沟壑可以用沙子填埋起来，但最终没有实施，反而塑造了人工岛西部的弯曲边缘。这是为了尊重千年自然演变形成的地貌吗？显然这不是唯一的原因。由于水流和温度的细微差异，水深也与不同的生活环境条件有关；形成岛屿的原因主要是生态原因。艾瑟

图 3.3.8

2014 年，两个岛屿之间的绿色通道。右图：一幅描绘了随着时间的推移，植被逐渐积累的草图，土壤条件从腐烂的植物物质中得到改善，绿植就会产生这样一条通道

尔堡设计团队中一位主要成员福瑞斯·帕姆布姆（Frits Palmboom）写道："艾瑟尔堡的设计理念是基于对广阔水资源的尊重和利用：逃离拥挤国度，飞向广袤无垠"（Palmboom，2010，p.67）。

　　对于生活在北海海岸附近的荷兰人来说，很少能够享受广阔水域。荷兰人一般住在堤坝或沙丘后面的城市，很少能看到水：

　　　　虽然整个群岛的组成显示出一定的随意性，就像水面上的冰流一样，但岛屿本身有一个简单的几何结构。公共空间由一个简单的街道平面图构成，艾瑟尔堡大道（IJburg-Laan）及其有轨电车和沿着海湾的林荫大道是该结构的主体，一些交叉街道视觉上连接着岛屿的迎风面和背风面。

　　　　　　　　　　　　　　　　　　　　　　　　　帕姆布姆，2010 年，p.67

　　艾瑟尔堡的六个岛屿并未全部建成，第四座岛屿正在建设中。在写这本书的时候，似乎尚未建造第五和第六个岛屿。整个项目需要 1.8 万套住宅、10 万平方米办公空间和 3 万平方米商业空间。评论家说，艾瑟尔堡离阿姆斯特丹市太远了，虽然有轨电车与地铁相连，但汽车才是艾瑟尔堡居民最主要的出行工具。在夏季，骑自行车穿过迪默（Diemer）堤坝和一个旧垃圾堆到达阿姆斯特丹市的沿途的确风景壮丽，

图 3.3.9

艾瑟尔堡的设计 [图片来源：福瑞斯·帕姆布姆（Frits Palmboom），2010]

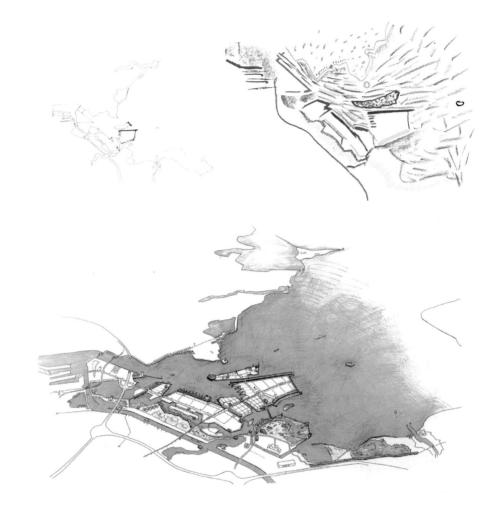

但在风雨交加的冬季，这趟行程则漫长而艰苦。人口统计学家指出，在艾瑟尔堡诞生不到十年的时间里，出生在这里的孩子明显多于荷兰的平均水平，对一个人口增长停滞不前的国家来说这是相当具有价值的。

在我们继续讨论海岸线的战略之前，我们应该简要地讨论一下咸水侵入荷兰水体的问题。咸水侵入导致国家的地下水含盐量很高，对农业造成了很大的影响。

荷兰的水系统旨在防御咸水侵入河流，但预防措施取决于河水流量和海平面上升情况。由于平均潮位和平均河流流量，北海的咸水只能沿着新航道上游到达鹿特丹市中心以东的威廉姆斯大桥（the Willams Bridge）。只要荷兰角港的最小流量为

第 3 章　当代实例与未来策略

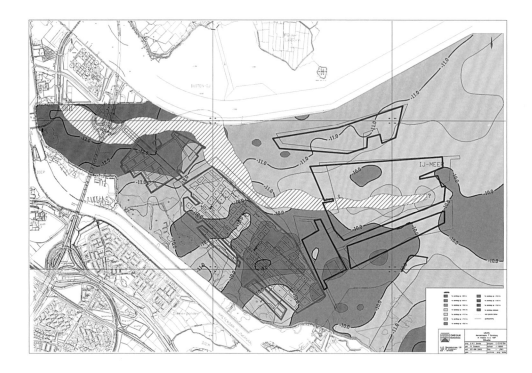

图 3.3.10

厄尔盖尔（Oergeul），艾湖的一个冰川峡谷（图片来源：阿姆斯特丹市）

位于海牙和乌得勒支之间的荷兰西部的土壤剖面

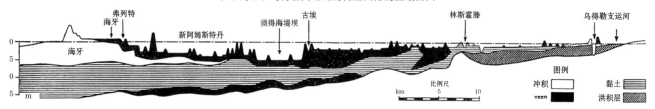

1500 立方米 / 秒，新航道与北海交汇处的盐碱化问题就不严重，但这个最小流量并不能保持不变。在 2003 年的秋天至 2005 年的秋天，河流流量很低，暴风潮产生的潮汐比正常潮汐高，这降低了控制盐碱化的能力。

　　另一个问题是内部盐碱化，这是由深层咸水引起的。向非常低洼的围垦地中输水，导致咸水向上渗漏。这就产生了一个几乎不可逆转的问题（Rijkswaterstaat，2011，p.55）。

图 3.3.11

此横截面解释地下咸水如何向上渗入再生土地和围垦地下面的地表水 [图片来源：荷兰水运当局（Rijkswaterstaat），2011]

海岸沙丘

由沙丘和巨大海堤组成的单线海岸防洪战略似乎很脆弱，而且此战略前瞻性不足。自中世纪以来，荷兰海岸线以每年 1 米的速度向东退去。海岸线后退的原因是河流下游的沉积物流量减少，这些沉积物曾经会通过潮汐和洋流沿海岸线而来。虽然潮汐和洋流仍在发挥作用，但河流及其支流不再向海岸输送泥沙，导致了沙石缺失。因此，多年来通过建造海堤和各种其他手段对抗海岸侵蚀，海岸管理部门已经尝试在海岸的一个战略位置沉积大量的沙子——2000 万立方米，这是第一种策略。按照预期，海流和海风将会把这些沙子沿海岸线均匀分散。到目前为止，这项实验得到了肯定的评价。沿岸盛行风向东，洋流向东北方向流动。以这种形式运输泥沙，在理想的情况下，面向陆地的风会把沙子吹向沙丘，从而滋养沙丘的轮廓。在荷兰，这种输沙方式被称为"沙机"。

层状沙丘上靠近海洋的一侧被开启，使得沙丘深层的沙子得到滋养。利用风、潮、沙的动力平衡，第二种海岸线适应策略被提出并实现。海平面上升将不可避免地需要提高和加强防御措施。在这种策略下，对现有的建筑物（如滨海广场、木板路、林荫大道或面向大海的行排建筑物）进行改造，以抵御风暴潮。这种情况发生在港口小镇弗里斯欣根（Vlissingen）里，那里以前的各种地面空间已经渐渐移入建筑内部，但仍然面向大海。第三种策略与第二种策略有一定的相关性，即在海岸线防御建筑内部创建新的可用空间。我们在莱顿附近的卡特维克（Katwijk）遇到了这样的例子。一个大型车库正在建设中，也充当沙丘的角色。我认为这种策略存在问题：首先，新结构在外观上与沙丘并不相同，因此不具备沙丘原本适应流体动力学（风）的形态，随着时间的推移，真实的结构就会显露出来。第二，为什么在卡特维克这样的地方，甚至需要在海边集中建造大量的停车位？那些赞成此策略的人大多是受到利益驱使，大量停车位可以满足很多需求，意味着更多的土地将作类似旅游胜地的功能被开发。

我对第四个策略更感兴趣，该策略主张在海上建设屏障岛。在现有海岸线前方几公里处建造岛屿，也就是说建造了一条冗余海岸线，当海平面上升或风暴潮来临时，这个岛屿会在一定程度上分散风暴潮冲击力。虽然这个策略已经被拟定出来，但目前势头正逐渐减弱。不过，也许多年以后，修建屏障岛的策略会被重新推出。

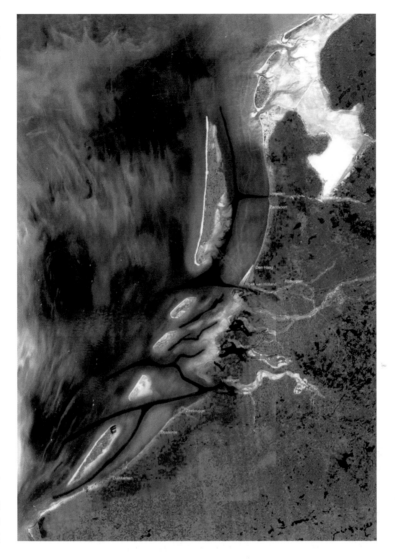

　　港口活动对于荷兰来说是最重要的。从历史上看，三角洲城市的形式是因货物
装卸到船上而形成的。欧洲中部大部分港口的腹地保持不变，发生变化的是港口运营
的规模。随着巴拿马运河（the Panama Canal）的拓宽，港口将需要容纳更大的船只。
低地国家的主要港口，安特卫普和鹿特丹，需要直接通向公海。鹿特丹的港口已移
至北海的围垦地上，远离历史悠久的海岸线。由于比利时的国界，安特卫普被限制

在更深入内陆的位置，依靠深深的西斯海尔德河才能进入。港口活动将持续推动空间规划，对于城市设计师而言，改造过时的老港口区是机遇和挑战并存的。

适应城市形态要有远见。城镇悠久的历史和城镇与水的关系迫使荷兰人在采取行动之前需要仔细考虑。修复工程需要预先策划，逐步调整，并预估可能会犯的错误。这一重要的经验教训可应用于各地沿海低洼地区城市的设计。设计师需要在设计中好好运用集体的智慧经验，以适应不断变化的环境。

注释

1 聂辉斯在这个直接引文中引用了 M. Cioc（2002）和 R. Kinzelbach（1995）的话。

参考文献

Cioc, M., 2002. *The Rhine: an Eco-biography, 1815–2000.* Seattle: University of Washington Press.

Gupta, S. et al., 2017. The Two-stage Opening of the Dover Strait and the Origins of the Island of Britain. *Nature Communications*, 8.

Huisman, P. et al., 1998. *Water in the Netherlands.* Delft: Netherlands Hydrological Society.

Jacob, J., De Greef, P., Bosscher, C. & Haasnoot, B., 2007. *Waterplan Rotterdam 2: Working on Water for an Attractive City.* Rotterdam: Municipality of Rotterdam.

Kinzelbach, R., 1995. Neozans in European waters: Exemplifying the worldwide process of invasion and species mixing. *Experientia*, 51, pp. 526–538.

Metz, T. & Van Den Heuvel, M., 2012. *Sweet & Salt: Water and the Dutch.* Rotterdam: NAi .

Meyer, H. et al., 2013. *Nieuwe Perspectieven voor een Verstedelijkte Delta, Technical University Delft.* [Online] Available at: http://urd.verdus.nl/upload/documents/IPDD-Cahier.pdf [Accessed 27 February 2017].

NAI, 1965. *Pampus Plan.* [Online] Available at: schatkamer.nai.nl/en/projects/uitbreidingsplan-pampus [Accessed 23 April 2017].

Nienhuis, P., 2008. *Environmental History of the Rhine-Meuse Delta: An Ecological Story on Evolving Human–environmental Relations coping with Climate Change and Sea-level Rise.* Dordrecht: Springer Netherlands.

Palmboom, F., 2010. *Drawing the Ground – Landscape Urbanism Today.* Basel: Birkhäuser.

Rijkswaterstaat, 2011. *Water Management in the Netherlands.* Den Haag: Ministry of Infrastructure and the Environment & Rijkswaterstaat.

Van de Ven, G.P., ed., 1993. *Man-Made Lowlands, History of Water Management and Land Reclamation in the Netherlands.* Utrecht: Uitgeverij Matrijs.

结 论

本书共列举了三个区域。针对每一个区域，我们都对其聚落形态的历史发展沿革进行了回顾，以期为未来的发展指引正确的方向。历史上，这三个低洼地区的聚落形态都是受自然条件影响而逐渐形成的，这些自然条件主要包含水、地形和气候。现在我们认识到，在应对气候变化的相关问题上，这些自然条件因素也同样是非常重要的。

水

我们一直都坚信，很多自然的过程都是可以被掌握和控制的，例如水。我们拥有技术，并且可以运用技术使水资源供养我们的城市。虽然目前，为了使城市免于洪水侵害而修建的大型公共工程项目尚为数不多，但却在持续增加中。英国伦敦的泰晤士河大坝工程，于1982年开始修建，其目的就是为了保护大伦敦地区免受洪水的侵袭。在最初的二十年间，由于维修原因，这座大坝的水闸一直处于关闭状态，却几乎没有对潮涌起到阻止的作用。现在，水闸关闭的次数更多了，不仅是为了防止春季的潮水泛滥，更多的是为了控制潮汐与河流的双重影响（英国环保署，2014）。特别是在2013—2014年的汛期，由于潮汐与河流的双重影响，大坝水闸共关闭了41次，还有另外9次是由于单独的潮涌而关闭的。

意大利丽都岛（Lido）的摩斯水坝（Mose Project）预计在2020年开始运营，可以保护威尼斯的潟湖免受季节性洪水（aqua alta）的侵袭[新威尼斯联盟（Consorzio Venezia Nuova）]。在冬季，威尼斯潟湖常常会出现水位增高的现象，一般持续时间为两个半小时。每当这个时候，连接潟湖与亚得里亚海（Adriatic Sea）的三个闸口就会被关闭起来。

迈斯兰特大坝（Maeslant Barrier）位于荷兰角港（Hoek van Holland），临近鹿特丹，拥有两条巨大的分支，能够将新航道（New Waterway）关闭起来，该航道是莱茵河与马斯河之间主要的通道。这座大坝于 1997 年开始运营，但直到 2007 年 11 月 8 日才首次关闭水闸，以防止在风暴的影响下发生水位升高超过 3 米的危险（Stichting Deltawerken，2004）。

这些大型工程项目都是近期才建设完成的；未来，我们很可能还会建造更多这样的项目，特别是在内陆港口需要保持通航的地方。在暴风雨或洪水来临之前，我们就可以预测出大坝的封闭时间。同样，根据河流的流量状况，水闸重新开放的时间也是可以预测出来的。

地形

关于我们的防御措施应该如何设计，气候变化对我们的讨论产生了很重要的影响。每一条海岸线都是由很多从水域到陆地的过渡区域组成的。在海岸线上，这些过渡区域表现为很多种形式，包含海滩、悬崖、沙丘，以及潮间带的泥滩。河流的堤岸是由沉积物形成的；这些沉积物形成了大面积的冲积平原，上面分布有沼泽与池塘。在河口附近，潮滩和潮沼实现了从水域到陆地的转变。在旧金山湾区，河口处形成了一片巨大的水陆过渡地带，其面积超过 25 万英亩（或 11 万公顷）。这一大片区域就被称为"湾地"（baylands）（旧金山湿地生态系统目标项目，2015 年）。在城市化发生之前，这个过渡区主要是由潮滩和潮沼组成的。后来，在两百年的城市化进程中，人类对于湾地的利用发生了很大的变化。到 2000 年，该地区仅存的潮滩和潮沼面积只剩下了 6 万英亩。但关键的问题是，虽然海湾地区的环境已经发生了翻天覆地的变化，但它们仍然属于低海拔地区，所以其湾地的属性依旧没有改变。事实上，湾地的范围变得越来越大了。当前，人类社会面临着海平面不断上升的局面，这种水陆过渡地带是非常宝贵的。我们必须要针对这些区域制定出设计策略。这些设计包含对潮沼区域的恢复，如此就可以保护地势较高的地区免受海平面上升的威胁。这些修复设计被称为柔性边界策略（soft edge solutions）。自 2009 年以来，我们大约已经修复了 34000 英亩的潮沼区域。在其他区域，也同样需要制定出策略，依目前的状况来看，工作重点仍然是水陆过渡区的修复。还有大约 84000 英亩的土地，由于城市化的进程已经占据了从前的湾地，城市的范围一直延伸到水岸，所以这些地区需要执行的是硬性的边界策略。在景观生态学家们看来，这84000英亩的土地属于退化了的生态系统。对于城市设计师来说，在对这种地块进行设计的时候需要将很多人类活动纳入考量，有时需要高度人性化，能够允许人们，甚至是很多人直达水岸。这些区域的设计是非常具有挑战性的。居住在水域附近，俯瞰水景，漫步到水岸，在水岸边缘感受水的存在——这些都是人类很深刻的体验，也是城市生活的维系。

在荷兰，关于水陆之间过渡地带的设计，已经成为了民众们广泛关注、讨论的话题；而在旧金山湾区，这类讨论还处于起步阶段，在中国，相关的讨论就更少了。水陆之间过渡地带的设计，既需要保护现有的社区和商业，又需要修复或重建已经被糟蹋到不成样子的生态系统，我们的解决方案就是要在这两者之间取得更大的平衡。沿海城市正在开始新一轮的适应性调整，其中不乏一些多重防护措施。在荷兰的河流沿岸地区，多重重叠设计创造出了冗余的防洪体系。"冗余（多重防护）"作为一个概念，是与单一防线相对而言的。现在，在沿海河口和海岸的过渡地带，设计师们也开始思考冗余的做法。冗余可以提高长期的安全性。但这样的做法也存在危险：在遥远的，或不那么遥远的未来，地图显示水陆过渡区将会在某一天被洪水淹没，那么社会大众就会感受到极大的恐慌，进而反思自己犯下的错误，但是如果这样的恐慌不会出现，那么人们也就不会去思考自己的过失了。举例来说，如果增加投资，改善桥梁和高速公路等基础设施建设就能够使大型沿海工程防护措施变得可行，那么就无需再检视更为温和的干预措施，我认为这样的思考是错误的。位于旧金山和马林县（Marin County）之间连接金门的可移动式水坝，就是这样的一个错误。我们总是会犯错；因此我们需要一种循序渐进的设计方法，它可以让我们有机会对错误进行修正。与过去相比，现在设计师们更应该时常提出的一个问题是：如果我们的设计失败了，那该如何弥补呢？

气候

气候变化使得人类社会与自然世界之间相互依存的关系更加紧密了。说到对未来的选择，我们不得不提的是伊恩·麦克哈格（Ian McHarg，1971）的著作。伊恩·麦克哈格通过重新审视人类对抗自然的范例，反思了引起气候变化的原因和后果。说到应对引起气候变化的原因，设计师的作用虽说比较有限，但还是有一定的重要性。在荷兰三角洲地区和旧金山湾区，最大的碳排放来源就是城市交通；在珠江三角洲地区，碳排放最主要的来源是工业生产，但同时，城市交通的碳排放量也在逐年增加。在本书所列举的三个区域中，每个城市形态的演变都离不开城市交通。这三个地区的空间结构差异很大，但就像在中国，低密度的单一家庭住宅、分散的工作场所杂乱无序的扩展，集中的高层建筑群随意兴建，这样做法都产生了同样的结果。分散的聚落形式使得人们必须要进行长距离的通勤。我们经常提倡适宜的聚落形式，如此才能有效减少碳的排放。在本书所列举的这三个地区，开车行驶在高速公路上，你就会很清楚地认识到，我们距离这个目标还有多远。遗憾的是，旧金山湾区的城市依然是全世界人均碳排放量最多的城市之一，私家车和小货车每年排放的二氧化碳竟然多达 20 吨。荷兰的碳排放量是旧金山的一半左右。不要误解，追求流动性的高速公路在未来依然会存在；但是，我们城市设计的长远目标仍然是在比较近的范围内提供工作机会、服务和便利设施，而不是在比较远的范围内提供流动性。

社会公平

城市化的社会影响带来了巨大的挑战。走在美国旧金山、中国广州和荷兰兰斯塔德的市中心区，我们可以目睹到城市生活日益增强的吸引力：人们从郊区返回城市是一种正向的趋势，而这个趋势主要是由年轻的专业人士，特别是很多投入职场的女性所推动的。在这些因素以及其他一些因素的驱使下，人们认为居住在距离工作场所和便利设施较近的地方，比居住在郊外更具吸引力。但是如今，城市的生活方式已经变得非常昂贵，是很多人无法企及的。于是，那些不太富裕的人只能迁移到大都会的边缘地带居住。

关于引起气候变化的原因，以及气候变化所带来后果的讨论，引起了民众对社会公平议题的重视。气候变化已经在相互关联的社会层面和物质层面对城市形态产生了影响，而且，未来这种影响还会进一步加深。在珠江三角洲地区，有四分之一的人口居住在非正规的临时安置点。所谓"非正规的临时安置点"，指的是从前的村庄和传统形式的聚落，即由农户转变而成的多层宿舍，供那些低收入居民和迁移到珠江三角洲务工的农民工们居住。本书第 2 部分的工作重点，是示范如何以循序渐进的方式，在珠江三角洲地区实现乡村的修复。

都市景观

在本书所列举的三个地区，我们都一直在强调整个地区的形态，而不仅仅是市中心区的形态，这是有原因的。在人口快速增长的区域，仅仅关注于城市内部是远远不够的。本书所讨论的三个地区都包含多中心卫星城、城市群或巨型城市这样的形态，无论在当时使用的是哪一个专有名词。在过去，究竟需要建造多少新城，多少个卫星城？如何限制一个地区的向外扩展？一旦建成，民众对于这些卫星城市的批评一直以来都是相当严厉的。在这三个地区，我们都可以找到已经过时了的现代主义。现在，又加上了同样过时了的后现代主义。其实，问题的关键并不在于风格，而在于布局、规模，以及开发项目之间的距离。让我们面对现实吧：很多大型项目的建设都是失败的。无论是像欧洲和中国那样由政府主导，还是像美国那样由私营企业开发，都存在着同样的误区。为了完成一个大型社区的设计规划任务，大量重复的使用元素，形成了千篇一律的结果。经济因素占主导地位。对于大型规划项目，始终存在着这样的问题：我们如何达成更远大的目标？我们的目标还是如之前所说的，将工作场所和居住地点更好地整合在一起，形成足够的客流量来支持公共交通的发展，塑造紧凑的城市形态来促进人与人之间的互动，进而改善城市生活的品质；打造出满足城市阈值的城市形态。

大规模开发还有另外一种方式，就是对现有的聚落形式进行循序渐进的修复。过去的建筑依然存在，其中绝大多数都可以通过重新规划与插建新建筑加以调整。美国著名城市规划师、评论家简·雅各布斯在早期曾经大力反对曼哈顿下城区的大规模改建，她将环境的重要性定义为城市设计的指导原则。当设计师们通过旧建筑再利用或是插建新建筑的方式对城市进行改造的时候，他们所有的工作都是在一个已经存在了的环境背景下进行的。作为一名新闻工作者，雅各布斯对于社会环境和物质环境同样关注；因为大环境决定了哪些举措是可行的，以及可供考虑的选项范围。其结论就是循序渐进式的改造。同大型开发案相比（只有少数开发商有实力参与投标），渐进式的改造并不会给这些开发商带来那么丰厚的利润。但渐进式的改造与修复由于风险较低，会吸引更多较小规模的开发公司参与。这种操作模式由于其多样性、创造性的过程，也会创造出更多样化的结果。通常，随着时间的推移，渐进式的改造反而会获得比大规模开发更高的经济价值。

在今天的都市景观中，包含很多不同的环境。目前，我们可能会为很多区域的景观贴上丑陋的、支离破碎的标签——一片人造的荒野、不和谐的或是地狱般的处境。事实上，这样的情况确实是存在的。所谓"适应"，就是检视这些不够理想的地块在未来可行性的创新过程。

本书中所涉及的工作全部源于学校研究，其中包含了在 2007 年至 2017 年大约十年期间，众多年轻专业人士所创造的设计理念。在伯克利大学攻读城市设计硕士的学生通常都拥有建筑学的学士学位；少数学生拥有景观学背景，更少数拥有城市规划背景。我们在这里所讨论的议题，都需要以一种跨学科的方法去思考。对未来的城市设计师来说，掌握水文、气候学和环境工程的相关知识至关重要。然而，设计师们在这项工作中还拥有一项特殊的技能，即传达出未来的城市形态可能会是什么样子。位于低洼三角洲地区的城市由于其特殊的地理条件，必然会更接近于那些由水体塑造而成的历史城市。在中国有很多这样的城镇（冯江，2009），其中苏州就是最著名的案例；还有很多地势低洼国家的城市也是如此，从布鲁日（Bruges）到坎彭，或是从托尔切洛（Torcello）到基奥贾（Chioggia）的威尼斯潟湖（Venetian Lagoon）。从水文、气候和地形等因素的角度对城市形态进行现代化的改造，将是 21 世纪及未来的一个极佳的挑战。

参考文献

Consorzio Venezia Nuova, n.d. *Mose: Per la difesa di Venezia e della laguna dalle acque alte*. [Online] Available at: www.mosevenezia.eu/?lang=en [Accessed 4 March 2017].

Environmental Agency, 2014. *The Thames Barrier*. [Online] Available at: www.gov.uk/guidance/the-thames-barrier [Accessed 27 February 2017].

Feng, L., 2009. *Canal Towns South of the Yangtze*. Shanghai: Jiao Tong University Press.

McHarg, I., 1971. *Design with Nature*. New York: Published for the American Museum of Natural History.

Stichting Deltawerken, 2004. *Deltawerken: Maeslant barrier*. [Online] Available at: www.deltawerken.com/maeslant-barrier/330.html [Accessed 4 March 2017].

The San Francisco Wetlands Ecosystem Goals Project, 2015. *The Baylands and Climate Change: Baylands Ecosystem Habitat Goals*, Oakland: California State Coastal Conservatory.

译后记

　　本书作者彼得·博塞尔曼（Peter Bosselmann）教授是中国教育部海外名师、美国加州大学伯克利分校（UC Berkeley）建筑学、景观建筑学、城市与区域规划三个系的终身教授。2002—2006 年间担任伯克利分校景观建筑学与环境规划系系主任（Chair of Landscape Architecture and Environmental Planning）。博塞尔曼教授是城市设计和景观建筑学领域的前沿研究者和权威学者，他在全球范围内的城市设计作品获得了众多重要奖项，为包括旧金山、奥克兰、纽约、奥克兰和多伦多在内的许多国际大都市担任顾问。他还是城市设计领域国际权威学术期刊《城市设计学报》（Journal of Urban Design）的编委。他创立了伯克利虚拟实验室并担任主任；其早期的著作和文章是环境行为学领域的重要文献。

　　本书英文版 2018 年由美国 Routledge 出版社出版，是博塞尔曼教授"城市设计三部曲"之三，也是他在宏观的大都市区景观和城市设计领域的最新力作。其相关的城市设计理论论著还有《场所的表征——城市设计中的现实与现实主义》《城镇转型——解析城市设计与形态演替》。根据作者访京时讲座的内容曾将本书名称翻译为"三角洲地区大都市景观的适应性"，后在中国建筑工业出版社编审老师的建议下定名为《湾区都市群景观适应性》。从专业总体解读角度和翻译技术的"信达雅"上都是更为妥帖到位的，在此也感谢出版社老师的建议。

　　本书通过对旧金山湾区、珠江三角洲、荷兰三角洲三个案例，详尽阐述了湾区城市的起源、现状和发展策略的共性特点和个性策略，从剖析案例湾区的地质形态学和水文学的自然历史开始，运用城市线性追踪法等研究方法，探索湾区城市群与自然环境和谐发展之道，提出包括韧性城市、低冲击开发的策略。作者与华南理工大学在合作教学的过程中，对珠三角城市群城市街区保护和微改造，以及高密度居民住区的改造，通过教学工作营实地考察和概念性微设计进行研究，对国内湾区城市群城市设计实践和高校探索国际合作城市设计教学工作营模式都具有启发和借鉴意义。本书切合时代需求，在气候变化的大课题下，对我国经济发展最迅猛的大湾区（环渤海、长三角、粤港澳等）的建设，具有现实的指导意义。

岁月不居，时节如流。经历近一年的翻译、校对、审读等过程，在庚子年年末本书将要付梓之际，感谢远在伯克利的彼得·博塞尔曼教授的信任和授权。感谢尚雪峰博士、杨芸老师协助翻译本书的工作，感谢杨澍博士参与本书部分翻译和校核工作。衷心感谢中国建筑出版传媒有限公司（中国建筑工业出版社）的董苏华老师、张鹏伟老师的编审和补正，感谢贵社参与本书出版工作的审读老师，和参与排版等工作的老师们。在此，拜谢仇保兴理事长对我持续从事城市科学领域研究工作的引领、勉励和支持！

本书的出版得到第四届中国科协青年人才托举工程（2018—2020 年度）项目的资助，特此致谢！

闫晋波

于北京海淀区三里河路 9 号院

2020 年 11 月 12 日